直銷法律實務問題

林天財／林宜男 主編

林天財／林宜男／曾浩維／吳紀賢／陳其／劉宣妏 著

直銷業界之明燈

談到「直銷」，一般人的最初反應可能是抗拒，因爲長年媒體缺乏公正客觀的報導，以及不肖業者的經營模式，讓大衆對「直銷」一直以來都存在著負面印象，早年「直銷」甚至被認爲是非法的「老鼠會」，與非法吸金和詐騙畫上等號。而近年來由於直銷產業的蓬勃發展，相關法令陸續上路，「公平交易法」及「多層次傳銷管理法」皆明確規範直銷產業的經營，以茲健全多層次傳銷之交易秩序及保護傳銷商權益，使直銷產業不再是不受法律規範的「地下產業」，反而躍身成爲迥異於一般商業模式的產業之星。

即使「直銷」已走入臺灣民衆的生活多年，我們的身旁也總會聽說某位親友在從事直銷，或者是自己被直銷商推薦加入直銷業，然而，「直銷」卻總讓人覺得蒙上了一層神秘面紗。由於對法令的陌生，使得欲從事直銷產業的人們，面對琳琅滿目的直銷資訊時，只能像瞎子摸象般在錯誤中學習，浪費了許多時間精力；如果不幸碰到不肖的直銷公司，不但沒有賺到錢，還可能血本無歸，可謂賠了夫人又折兵，得不償失。而對於直銷公司而言，繁雜的法律條文往往使公司在推動各項政策時，感到大惑不解而躊躇不決，深怕一個不注意，就會誤觸法網，反而因此綁手綁腳，而未能洞燭先機大展前途。本書的誕生對於直銷從業人員或著直銷公司，無疑是一大福音，提供了一盞指引法令適用之明燈。

書中的議題都是精挑細選最常被諮詢的議題，並以分門別類的方式作有系統的歸納，方便讀者在碰到疑問時可迅速查找相關案例，解決法律疑惑。有別於一般法律書籍的艱澀深奧，本書以生動有趣的案例探討直銷公司和直銷商經常面對的法律問題，在各個案例中，先以生動的「範例故事」帶出法律問題，並以深入淺出之「說明解析」解釋艱澀深奧之法令，最後再以「法律小觀點」畫龍點睛地提示結論，為方便讀者記憶，並以「圖像的人物關係圖」解構複雜之法律關係，讓人一目了然。本書將枯燥的法律議題融入活潑的故事，並以淺顯易懂之解說方式，讓人可以迅速掌握法律問題的爭點、了解如何正確適用法令，不但免去自行摸索法律條文之煩，更讓人讀來輕鬆愉快。

身為直銷人，我誠懇的推薦這本造福直銷從業人員的好書，藉由此書，希望能讓更多社會大眾一窺直銷法律的堂奧。

直銷協會　理事長

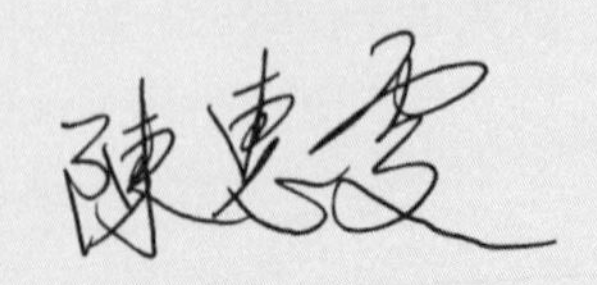

以「法」串起傳銷人的「情」與「理」

傳銷，是個「人」的產業；人，講求的是「情」與「理」，是以，在傳銷的傳統經驗中，有許多使用人情義理解決的成功案例，但人情義理無法解決的大有所在。傳銷之於「法」的部分甚少著墨，有時甚至刻意模糊法與情的地帶，希望的就是——「人情留一線，日後好相見」。

我投入傳銷產業超過 30 年，從征戰市場的組織領導者開始做起，是臺灣傳銷史上最早的一批經驗者，其後更歷經了多重身分，是傳銷企業的創辦人，也是傳銷從產業跨到官方成立公會的第一任理事長，見證了多層次傳銷在臺灣的發展史。在我看來，傳銷業「法」重不重要？我必然點頭、慎而重之地告訴各位：法律很重要！因為法律的存在不只是為了懲罰犯錯的人，更重要的價值是：保障個人的權益、維持團體的秩序。

在臺灣，比起其他服務業，傳銷行業是立有專法（多層次傳銷管理法）的產業；有主管機關公平交易委員會專責管理、公司本身亦會設立「營業守則」，以及約定成俗的商德作為規範，傳銷可說是最自律的產業。正因如此，雖有商業道德規範，但直銷業者或直銷商對於模糊地帶的認定往往缺乏法律知識作為判斷，業界也少有關於傳銷的法律書籍面世。2015 年第一本解決傳銷公司與傳銷商爭議的法律書《直銷法律學》出版，該書也是本書主編林天財律師的作品，林律師是國內直銷法律界的權威，他就直銷與老鼠會的區別詳加論述，包括主要業務、入門費、組織者的收入來源、產品流動方式、退貨、產品價格、許諾等七大地雷區，以及提出成功經營的八大規則，讓直銷界的遊戲規則了了分明，是所有直銷人必備的寶典。

很高興第二本關於直銷的法律專書再度出現了！由林天財律師偕同傳保會董事長林宜男，及多位在傳銷產業也倍受敬重的律師聯合撰寫這本《Q&A 直銷法律實務問題》，內容涵蓋面非常完整，從最基本的名詞定義，到整個實務面皆有論述，並以深入淺出的介紹方式，提升直銷商對法的認識。在案例部分的舉例，更從如何分辨一家公司是否合法、之後如何加入會員、如何消費、產品本身好壞如何分辨、如何經營自己事業，乃至於有一天退休，權益如何轉給下一代等，書中都寫得非常清楚，是我看過臺灣出版的傳銷法律書籍中，最能貼近產業需求、實際運用的一本書，對於提升傳銷公司或傳銷人的普世法律常識大有幫助！

今天起，我的案頭上，有了這麼一本切合需求的好書。我甚至不會只買一本，我隨身包包帶著一本，車上也放一兩本，若有朋友需要也可以提供。

認識多層次傳銷困難嗎？相信沒有任何一個人敢說他是最了解這個產業，如今有了這樣一本書，至少，可以更加有「理」可循。碰到事情，先不要吵架，翻翻這本書，解答就在其中。

中華民國多層次傳銷商業同業公會　理事長

直銷業界之法律聖經

林宜男董事長和林天財律師是本書主要作者之一。認識林董事長和林律師，是在財團法人多層次傳銷保護基金會設立過程的一個場合。林宜男先生目前擔任財團法人多層次傳銷保護基金會的董事長，林天財律師則是擔任該基金會調處委員會的主任委員，兩位都是學養豐富的法律人，多年來熱心公衆事務，對多層次傳銷法令及實務皆頗有研究，對直銷界的付出更是不遺餘力，在直銷界富有盛名。

直銷產業係以優質商品爲基礎，透過人做爲通路，並以市場倍增學做運作的產業。然而，隨著網路新媒體許多不正確的迅速推播，加上非法吸金詐騙手法層出不窮，讓社會大衆對直銷這個產業產生許多誤解。例如我們就經常聽到有人把加入直銷當成是加入「老鼠會」，但實際上，帶有負面意思的「老鼠會」指的應該是以直銷爲名，實際上卻是從事非法金錢遊戲的活動。而這種對直銷存有誤解的負面印象之所以會在民間廣爲流傳，實起因於曾有不肖業者對外宣稱從事直銷，但卻以投資爲幌子，大力鼓吹其會員必須找人加入，繳納相當金額以取得分領獎金的資格，然後再藉由不斷招攬後加入者所繳納的金錢，以作爲發放獎金的來源。由於組織初期運作順暢的情況下，表面上每個加入的人都能賺到錢，但其實只對先加入的人有利，而越到後期，加入的人越少，能獲得獎金的時間變長、金額變少，致晚加入的人血本無歸。

正派直銷的運作方式，應是由直銷事業的直銷商，向公司購買商品，而本於自行使用消費或轉售他人以獲取合理利潤，另再經由推薦他人加入，建立多層級的銷售組織，以團隊的方式推廣、銷售商品來獲領合理報酬，所以，直銷只是衆多商品推廣、銷售方式的一種。然倘若直銷事業的行銷方式，僅是藉由人拉人的方式，致其直銷商主要收入來源是由先加入者介紹他人加入，並自後加入者的入會費支付先加入者獎金，而非來自於其推廣或銷售商品、服務的合理市價時，就會形成多層次傳銷管理法所禁止的變質多層次傳銷。

要扭轉社會大衆對直銷產業的負面印象，努力推廣並遵守「商德約法」是唯一良藥。丞燕公司是直銷協會的會員，長年倡導及遵守「商德約法」，並將「商德約法」置入「丞燕政策與規範」中，以提供直銷商完備的自律準則，同時也展現正面的經營理念。也藉此自律規範，讓公司經由不斷對直銷商在經營事業及產品上的教育及宣導，提升了直銷商的專業素養，有助於釐清社會大衆對直銷的疑慮，更提高了直銷業者與直銷商的信賴關係。

欣見林宜男董事長和林天財律師結合豐富學養及實務經驗完成本書，在本書中透過活潑生動的案例故事，深入淺出的說明解析，再藉由法律小觀點，讓一般民衆都能對傳銷法令有更深入的了解。相信本書的誕生，能成爲直銷界的「直銷法律聖經」，經由本書的正確指引，建立更健全、清新的直銷環境，以創造事業、直銷商、消費者三贏的局面，讓直銷產業再創榮景。

丞燕國際　總經理

李嘉瑞

老手與菜鳥皆必備的教戰手冊

承蒙本書主要作者林宜男教授和林天財律師邀約，有幸爲《Q&A 直銷法律實務問題》一書作序。

這些年即使臺灣景氣低迷，但是直銷產業卻逆勢成長，產值超越新臺幣 800 億元，面對現今臺灣直銷產業蓬勃發展的趨勢，民眾卻未必對直銷有正確的理解，仍有許多以訛傳訛、人云亦云的現象，常不能以健康正面態度來了解和接近直銷人員與活動。事實上，直銷商付出自己的辛勞、提供服務，在合理的範圍，正正當當領取獎金，對於促進就業和提升生活品質，皆具有積極的意義。在世界直銷聯盟（WFDSA）的統計中，許多國家的政府對直銷產業的貢獻，有十分正面的評價。

很高興林教授和林律師，兩位對於臺灣直銷法學有深入研究的先進前輩，能出版本書，提供普羅大眾深入淺出的直銷相關知識，導正視聽。相較於林天財律師前部大作《直銷法律學》，本書更適合初入直銷產業的從業人員拜讀，提供許多全面性的個案分析、法理探討，帶給讀者通盤性的了解。此書實踐「正派直銷、富國裕民、非法傳銷、禍國殃民」的理念，盡力以問答的方式，在直銷制度概論、直銷商之身分、直銷公司與直銷商之權利義務、直銷商上下線間之權利義務、直銷公司及直銷商與消費者之權利義務、直銷權之轉讓、繼承、直銷商之退出與退貨、直銷糾紛之救濟管道，等 8 個篇章，傳達作者深切的期望與對產業的熱情，最終讓所有讀到這本佳作的人，不管是產業界的老手或是淺嘗則止的菜鳥，都能被生動活潑的詞句打動，被其絲絲入扣的情節和敘述，帶入案例情境，終能解惑通達。

直銷產業的多樣化和滲透性，特別突顯這本書的效益。直銷從業人員向來涵蓋廣泛，不論販夫走卒或是鴻儒碩彥，都能活躍於本產業中，獲得自我實現。尤其直銷產業不會受到景氣的影響，加上現在臺灣許多年輕人想要自主創業，不景氣的時候，反而是直銷產業的機會。有衝勁的族群是直銷界的未來，更需要先進們給予正確的知識與引導，所以本書的書寫方式十分適合年輕族群，甚至能深深吸引各個層面的人，遠較教條式的陳述更爲平易近人，達到知識傳達的深意。

臺灣直銷產業蓬勃發展，除了有健全的法令，自律也顯得更加重要。臺灣自 2014 年 1 月 29 日多層次傳銷管理法公告施行後，使得直銷產業更有制度，並提供更好的消費環境；本人曾任中華民國直銷協會商德約法委員會召集人，去年我們首度通過世界直銷聯盟的「商德約法」金牌認證，因地制宜、與時俱進，將依據世界潮流制定新版本的商德約法。這樣仿如傳教士般的精神和本書不謀而合，旨在增進產業秩序，保護從業人員權益，終以利益興旺產業。本人敬祝本書洛陽紙貴，競相傳寫，深信本書內容有助於讀者吸收最好的直銷相關法律訊息，對於國內整體直銷環境有正確的認識。

美商賀寶芙北亞區　副總裁

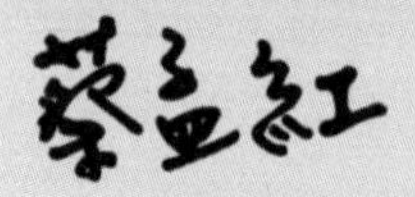

內涵學養紮實之傳銷指南

傳銷制度引進臺灣約30年，從早期無法可循的摸索，到經過相關辦法與法律的多次修正，而終至2014年「多層次傳銷管理法」正式公布實施，對於廣大直銷商、消費者，以及正派合法經營的傳銷業者來說，制度的建構越臻健全，權益受到法律明文規範保障，不啻是一大福音。

依主管機關公平交易委員會的歷年統計，近年臺灣傳銷產業的實質總參加人口每年皆超過200萬人，2015年起，傳銷產業總營業額亦正式突破800億，顯見傳銷產業對於臺灣經濟的影響早已不容小覷，爲數衆多的傳銷商所建立起的直接銷售網絡更提供了消費者在一般店鋪或網路通路之外的另一消費選擇，這已成爲臺灣社會生活不可分離的一部分。

然而，傳銷產業於部分社會大衆眼中，仍有諸多晦暗不明之處，每有違法變質多層次傳銷所引起的爭議案件發生，往往遍燃四方，更加深過去在無法可管時代深植於大衆心中的負面觀感。探其根本，實因消費者與業界人士缺乏管道去了解自身權益及如何自我保障，同時對於解決糾紛管道了解有限。

所幸財團法人多層次傳銷保護基金會林宜男董事長，與向來對於探究傳銷法律不遺餘力的林天財律師，願以民衆福祉爲念，在業務繁忙之際，針對直銷商、消費者，以及傳銷業者的權益與彼此互動關係深入探討，作成《Q&A 直銷法律實務問題》一書，讓社會大衆得有一便捷管道親近傳銷法律、避免風險並增加經營市場的可預見性。同時也爲有意接近傳銷的各方民衆打下深厚基礎。

本書作者以深厚法學素養，加上對直銷產業的深入理解及實務經驗，藉由一個個虛擬案例，透過 Q&A 的方式深入淺出地解釋了傳銷法令後的權利義務關係及內涵，落筆輕鬆但仍可見背後學養之紮實。對於有意加入傳銷產業者而言，乃爲極洽當的入門指南，亦令一般讀者得以一窺傳銷產業實務運作之面貌。

盼此書能有助於掃除部分社會大衆對傳銷產業的疑慮及誤解，增進民衆對產業的了解、免於誤入變質傳銷陷阱，進而宣導正確的傳銷觀念，並得裨益於傳銷產業環境之良性發展。此著作深獲我心，特以此序向各位推薦。

NU SKIN 大中華台灣總裁暨大中華區域　副總裁

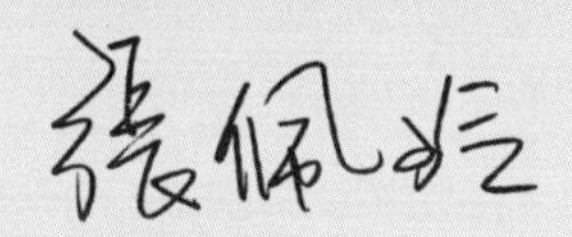

直銷產業前進未來的推手

欣聞林宜男董事長與林天財律師及研究團隊合著新書，並獲邀爲本書撰序，實爲本人無上之榮幸。

宜男兄爲財團法人多層次傳銷保護基金會（以下簡稱「傳保會」）的第一屆董事長。四年前，傳保會尙未成立猶在溝通協調的過程中，我認識了宜男兄，總見他不辭辛勞的四處拜訪各家直銷事業，述說他對於臺灣直銷產業如何健全發展的藍圖，欲成立一個直銷公司與直銷商之間解決爭議的平臺，以保障直銷商的相關權益。構想提出之初，多數人抱持懷疑的態度，因其構想是全球首創之舉，然他就像是無懼無畏的唐吉軻德，一而再、再而三的試圖說服我們，期間經過不斷修改與溝通，漸漸地有越來越多人理解他的夢想，而願一同攜手築夢。

終於，於 2014 年 9 月 29 日「傳保會」完成設立登記，大家更是合力出資、積極出人，邀集各自的直銷商來報名參加傳保會。在單一企業權益的小我 v.s 整體直銷產業欣榮發展的大我之戰中，宜男兄提供了超越個別企業利益的宏觀選項，讓每一個參與者倍感光榮，能爲未來臺灣直銷產業的正向發展貢獻一份力量。

傳保會之所以能夠發揮影響力，能協助調處直銷之民事爭議，其力量泉源來自於背後有一群法律專家的默默付出，尤其林天財律師所帶領人數高達百餘人的律師菁英團隊，正是傳保會的終極武器。林天財律師長期關心臺灣人權問題，其維權形象深植人心，故在今年2月，獲選爲第17屆中華人權協會理事長，該協會是臺灣歷史最悠久的人權組織。

此外，林天財律師更是直銷法律界的權威，其著作《直銷法律學》，正是直銷法律界必讀的經典，因此他擔任中華直銷法律學會理事長尤爲實至名歸，此學會的成立，便是希望帶領大衆了解與學習直銷產業及相關法令，以期直銷產業能更健全的邁進，進而促進社會經濟的活絡發展。他以宏觀的視野看待直銷產業，亦如他對人權問題的重視，兩者有殊途同歸的意義，那就是其胸懷著悲天憫人的大愛精神，期盼社會經濟能更好，人人得安居立業，並享有公平的權益。

這是一本由擁有最具直銷人靈魂的林宜男董事長，以及對於臺灣直銷產業充滿熱情的頂尖法律菁英：林天財律師、曾浩維律師、吳紀賢律師、陳其律師、劉宣妏組長，所共同合著之大作，書中透發著他們對於直銷產業發展的殷切盼望。感謝參與著作的每一位作者，讓直銷卸下神秘面紗，條理分明地分析相關權利義務，使人提高經營直銷事業的信心，因此我非常榮幸能爲本書寫序，特將本書推薦給每一個讀友。

臺灣妮芙露股份有限公司　總經理

Julia Chen

（陳淑貞）

用專業撥亂反正，消弭直銷界三國亂象

天財兄與宜男兄以其法律專業爲直銷業界分憂解惑不遺餘力，在業界更是聲名遠播。這次，天財兄、宜男兄與多位法律先進們，藉其專業爲直銷產業再獻鉅作，這道旋風勢必能爲目前直銷現況撥亂反正，本人極其榮幸能爲大師新書寫序，相信此書上市將成爲所有直銷夥伴的福音。

臺灣的現行法規政策，針對直銷業者採取報備制度，直至 2017 年 5 月爲止，共有 351 家向公平交易委員會報備，而這個數字也只是冰山一角，市場上仍充斥著許多不合法、直銷制度不明確、以直銷之名卻是行投資之實，甚至是披著狼皮的吸金公司……等諸多亂象。因此，造成社會大衆對直銷產業觀感不佳，實有劣幣驅逐良幣的遺憾，殊不知直銷產業在不景氣時代對社會經濟發展實有長足貢獻。

本書用 Q&A 的方式讓讀者輕鬆易讀，以章節區分問題類型方便使用者快速尋找，並且每個案例也都能符合時勢現況；事件中的主角是衆所周知的三國人物饒富趣味，作者在解答後佐以流程圖方式讓讀者一目瞭然，不得不欽佩其巧思，相信讀者除了解惑之外還會越讀越有興趣呢！

天財兄、宜男兄及一群法律人能在這個直銷亂世中出版此書，以法律的觀點撥正並詮釋許多直銷業者不得不面對的問題，此一著作有如明光照耀；眞心推薦給——想要加入直銷卻在門外游移不定的你、心中存有疑問卻找不著解答的直銷夥伴們、針對推薦人說法仍存有質疑的你，此書絕對是最有價値參考用書；另外，本書可謂是直銷業者們，最好的教育訓練範本。

此書出版具有匡正社會視聽的積極義意，透過第 1 篇直銷制度概論及第 2 篇的直銷商之身分問題，讓大衆知道合法直銷公司是會被法律規範與約束的，至於如何保障直銷從業人員以及消費者本身的權益，以及直銷商與直銷公司之間的權利義務關係等更多實用的案例，就要留待讀者您細細閱讀囉！

承蒙宜男兄盛情邀稿，能爲讀者略做導讀，身爲 30 年的直銷專業經理人，本人衷心推薦這本業界最佳入門專書——《Q&A 直銷法律實務問題》。

私立朝陽科技大學管理學院學門講座教授、產學鏈　副院長

紐西蘭商新益美國際集團臺灣分公司　總經理

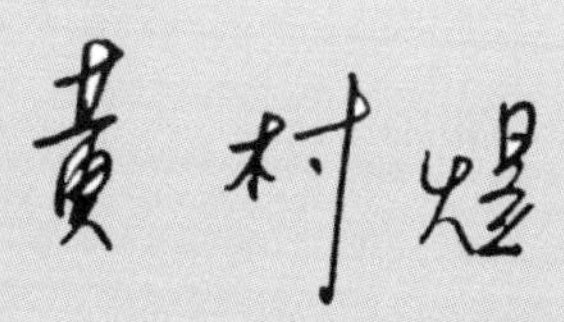

點迷津，開正路

Q&A 就是問與答，一件稀鬆平常的事，但問什麼？怎麼答？卻是一門大學問。尤其在長期紛擾不斷的台灣傳銷產業，許多似是而非的問題，急待金石之聲端正視聽。

核准報備，魚目混珠

台灣傳銷公司的成立有別於許多國家的「核准制」而採「報備制」，這樣的制度牽動了這個產業 36 年、352 家公司與 235 萬的傳銷商，影響可謂深遠矣。

由於核准制屬事先審查，而報備制則是事後取締或禁止，但社會大衆不明就裡，也無從分辨，甚至一些傳銷公司直接宣稱「經過公平交易委員會核准通過，所以絕對合法」來魚目混珠，博取信任。民衆一旦受騙上當卻爲時已晚，不但個人、家庭、產業以至社會，都付出很大的代價。因此，在違規事件爆發造成傷害之前，有什麼可以防範的措施呢？

撥亂反正，雙管齊下

其實很難防範，因爲在報備制的前提下，雖然可以活絡市場，但因進入的門檻很低，商家良莠不齊，隱藏著許多未爆彈，實在是防不勝防。

因此釜底抽薪之計，可以由兩方面來加強：一是從公部門的宣導教育及保護著手，像是公平交易委員會、傳銷商業公會及傳銷保護金會這幾年都盡了很大的努力，舉辦許多活動與課程，讓傳銷公司及傳銷商能夠獲得正確的知識來經營這個事業；另外就是透過民間學術單位，以專業權威人士的論述，來加強傳銷產業的正確運作方式，以達到良幣驅逐劣幣的效果。除了先前有林天財律師所著的《直銷法律學》之外，很高興又有了這本《Q&A 直銷法律實務問題》的問世。

編寫出色，難得精彩

生動活潑，淺顯易懂是本書的特色，對許多的公司行政人員以及傳銷商來說，書中所列舉的問題都是在經營實務上經常會碰到的。在編者的巧問妙答之下，讀者不但解惑也會發出會心的一笑，這是在講究精準嚴肅的法律書籍中，非常難得且精彩的表現。

感謝林宜男董事長的邀序，這是一本好書，值得所有傳銷從業人員人手一本的作業手冊。

中華民國多層次傳銷商業公會第二屆常　務理事

新加坡商全美世界台灣分公司　總經理

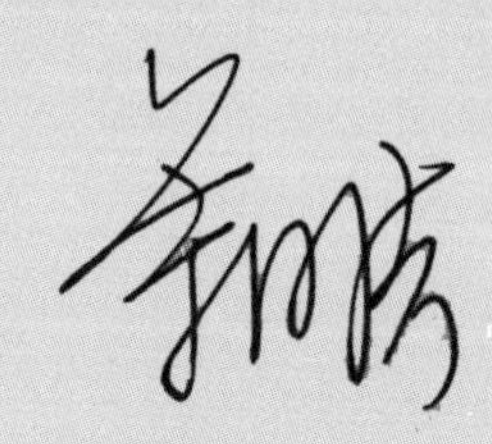

最佳傳銷參考書

政府已在 2013 年初，把原先置於公平交易法之下的傳銷管理辦法，正式提升爲多層次傳銷管理法，雖然該法的內容規範了更周詳的傳銷事業單位與參加傳銷商之間的權利義務，但是在運作的實務上，仍有許多未載明清楚的地方，像代訂貨、做二家以上的傳銷商、網路販售、傳銷商的行爲歸究？一旦傳銷商與傳銷事業之間權利義務有了認知差異，傳銷商再回頭尋找法律的根據及救濟，往往都是耗費精力及時間，徒增許多困擾。

因此，若有志成爲傳銷商，並能在從事傳銷事業之前閱讀本書，讓雙方都搞清楚傳銷事業與自己的權利及義務的情況，更進一步在進行業務推動時，就不會誤闖紅燈，而可做得順利，產生雙贏局面。

由傳保會董事長林宜男博士、林天財律師、曾浩維律師、吳紀賢律師、陳其律師、劉宣妏組長所合著的《Q&A 直銷法律實務問題》，正是幫助傳銷商與傳銷事業的最佳參考書，既減少了糾紛與疑惑，也幫助了傳銷商與傳銷事業的運作，同時提升了產業的正面發展，眞是功德無量，利益衆生！我以從事 40 年傳銷生涯的經驗，願意推薦此書給大家，做爲經營傳銷的最佳參考書！

前美樂家大中華區　副總裁

現任三合行銷顧問公司　首席顧問

教育訓練的重要素材

34 年前當我投入直銷產業的時候，當時沒有任何的法律來規範這個產業，也因此出現了所謂「台家事件」。當時的政府、傳媒、以及社會大衆普遍的認爲多層次傳銷就是一種老鼠會。

我們業者經過了 8、9 年的努力，在公平交易法裡的第 23 條出現了第一個多層次傳銷相關的法令，1992 年的元月在公平交易委員會成立的同時這個法令也生效開始實施。因爲有了這個法源，直銷這個產業由當時的 100 億年營業額成長到現在的 800 億，直銷商參加的人數也突破了 300 萬。這個原來以進口產品，通過人作爲通路的產業，也加入了更多的本土公司，在當地生產商品進而出口到其他的國家，儼然已經發展成爲一個跨國國際性的產業。

在國內經過多次的修法，由原來的公平交易法第 23 條擴充增加了第 23 條之 1 到第 23 條之 4，增列了有關各種退貨的規定，並且制訂了多層次傳銷管理辦法，在前兩年更進一步地通過了多層次傳銷管理法，給予在法律上正式的地位。

雖然直銷在法律上有了明確的法律定位，但是這個產業在過去還是有層出不窮的一些問題與糾紛。這本書的內容，把直銷商和直銷公司／直銷商上線與下線／直銷商與消費者的權利義務，做了非常清楚的說明，另外像直銷權的轉讓和繼承、退貨之法律關係、糾紛之救濟管道等等，都用了實際的案例，以及容易了解的問與答來做明確的說明。

談到這本書的兩位主要作者：林天財律師，他多年來投入直銷法律的研究，並發表《直銷法律學》一書，尤其他最近擔任傳銷保護機構基金會調處委員會的主委，更使他有機會接觸到很多實際的案例；林宜男教授，本身是英國劍橋大學法學博士、EMBA 執行長，現在擔任多層次傳銷保護機構基金會董事長，是一位眞正了解公司與直銷商互動關係的專家。除了他們兩位作者，其他的團隊成員也都學有專長，我深信這本書將會對於我們直銷產業有很大的助益。

作爲我們直銷產業的一位先鋒，一位老兵，一位忠實的直銷人，我要非常隆重，愼重地推薦這本書給我們產業作爲內部教育訓練重要的素材，唯有一個知法、守法、正直、有愛心的直銷公司，才會有鴻圖大展的未來。

財團法人多層次傳銷保護基金會教育訓練諮詢委員會　主任委員

中華民國多層次傳銷商業同業公會　顧問

依法直銷，社會認同；守法傳銷，社會永續

直銷制度引進臺灣已歷數十年，期間曾經大鳴大放、極盛一時；也曾因不肖人士違法吸金而遭社會撻伐，幸而在主管機關公平交易委員會（本書以下簡稱公平會）積極的導正下，直銷產業先賢先進篳路藍縷、一步一腳印的踏實耕耘，臺灣的直銷，終於克服難關，獲得社會及學界的認同，依據公平會調查報告顯示，截至2015年底，臺灣有253萬餘人從事直銷業，已超過臺灣人口的10%，更在產官學界的努力下，直銷產業的專法——「多層次傳銷管理法」於2014年1月29日正式頒布，專法的制定象徵著直銷的產業化；同時財團法人多層次傳銷保護基金會的設置，其專業調處直銷商與直銷公司的民事紛爭，全面建立一套屬於直銷產業的爭議處理機制，使臺灣的直銷產業能夠在法制化、人性化的養分滋潤下蘊孕出無限的前景。

筆者林天財律師耕耘直銷法學已歷二十餘載，伴隨臺灣直銷產業一同成長，著有臺灣法律界第一本直銷法律專書——《直銷法律學》，並催生「中華直銷法律學會」的成立，雖然欣見直銷產業已有多層次傳銷管理專法，但有感於直銷產業以及社會大眾對直銷法學之了解尚有不足，以致於糾紛、誤解仍時有所聞，於是與多層次傳銷保護基金會林宜男董事長共商，決定要將正確直銷法學的知識推廣，於是乃有本書之誕生。

本書撰寫的目的，期待直銷產業「依法直銷，社會認同；守法傳銷，事業永續」。

本書的特色在於將直銷界常會發生的法律問題體系化整理，共分爲8篇，第1篇概談直銷制度之問題；第2篇談直銷商身分之問題；第3篇談直銷公司與直銷商權利義務之問題；第4篇談直銷商上、下線間之權利義務問題；第5篇談直銷公司及直銷商與消費者權利義務之問題；第6篇談直銷權轉讓、繼承之問題；第7篇談直銷商退出與退貨之問題；第8篇談直銷糾紛救濟管道之問題，將一般民眾加入成爲直銷商至其退出常見的問題予以臚列，應足作爲直銷產業界之重要參考資料。

爲了讓讀者輕易理解法律問題，本書以三國人物爲撰寫案例，以提升閱讀興趣，並藉此引導出相對應的法律問題，並儘量以口語化、生活化的方式爲說明解析，便於讀者掌握艱澀難解的法條文字，每個案例文末並附以法律小觀點、關係簡圖，使讀者能進一步觸類旁通，本書希望使一般社會大眾皆能看懂、讀懂，進而了解直銷的本質與精神，而不再陷於道聽塗說，或對於直銷「霧煞煞」毫無概念。

本書是團隊合作的成果，林天財律師、林宜男董事長建構出完整的骨架，並積極指導其他作者群的寫作方向；曾浩維律師、吳紀賢律師、陳其、劉宣妏不辭辛勞的撰、校稿，勇於任事的敬業、執著，本書才能呈現肌體之美，當然，一本著作之完成，絕非單憑筆者之力能竟其功，也藉此對一路上相知相助之好友們，致上十二萬分感激之意。

最後，本書倘有謬誤之處，還望各界先進不吝賜教，惟有不斷的學習進步，才能爲臺灣直銷產業揮灑出更燦爛的未來。

目錄 CONTENTS

推薦序 1　直銷業界之明燈／陳惠雯　I

推薦序 2　以「法」串起傳銷人的「情」與「理」／古承濬　III

推薦序 3　直銷業界之法律聖經／李嘉瑞　V

推薦序 4　老手與菜鳥皆必備的教戰手冊／張珮玲　VII

推薦序 5　內涵學養紮實之傳銷指南／蔡孟紅　X

推薦序 6　直銷產業前進未來的推手／陳淑貞　XII

推薦序 7　用專業撥亂反正，消弭直銷界三國亂象／黃村煜　XIV

推薦序 8　點迷津，開正路／葉國淡　XVI

推薦序 9　最佳傳銷參考書／劉樹崇　XVIII

推薦序 10　教育訓練的重要素材／周由賢　XIX

作者序　依法直銷，社會認同；守法傳銷，社會永續　XXI

目錄 CONTENTS

PART 1 直銷制度概論 1

Q1 直銷商拉下線參加時，直銷公司將發給介紹獎金，直銷好好賺？ 2

Q2 直銷公司的商品是在國外種植農產品並在國外收成後當地銷售，有問題嗎？ 4

Q3 直銷公司的商品或方案，是直銷商用不到，或無法使用這麼多的情形，有什麼問題？ 7

Q4 直銷商品如果逾越合理市價，有什麼問題？ 9

Q5 直銷商是否屬於直銷公司之員工？ 11

Q6 直銷商可以依性別工作平等法向直銷公司請育嬰假嗎？ 14

Q7 直銷商無法提出就業證明，會造成其配偶無法依據性別工作平等法請育嬰假嗎？ 16

Q8 外國直銷公司在網路上的廣告十分吸引人，直銷商參加後有臺灣直銷法令的保障嗎？ 19

Q9 外國直銷公司想要開拓臺灣直銷市場，是否要先向主管機關報備？ 22

Q10 我是外國直銷公司的直銷商，想在臺灣介紹朋友參加，會違法嗎？ 25

PART 2 直銷商之身分 29

Q11 公司，可否成爲直銷商？ 30
Q12 夫妻可否共同經營一個直銷權？ 33
Q13 夫妻能在同一家直銷公司內各自經營自己的直銷權嗎？ 36
Q14 外國人，可否成爲臺灣直銷公司之員工？ 39
Q15 陸配，可否成爲臺灣直銷公司之員工？ 42
Q16 港澳人士，可否成爲臺灣直銷公司之員工？ 45
Q17 外國人，可否成爲臺灣直銷公司之直銷商？ 48
Q18 陸配，可否成爲臺灣直銷公司之直銷商？ 52
Q19 港澳人士，可否成爲臺灣直銷公司之直銷商？ 55

PART 3 直銷公司與直銷商之權利義務 59

Q20 直銷公司或直銷商可以促使其他直銷商購買無法短期內銷售完畢的商品數量嗎？ 60
Q21 直銷公司或直銷商可以促使其他直銷商擁有二個以上的直銷權嗎？ 63

目錄 CONTENTS

Q22 直銷商在街上找我攀談，強要我購買產品，我可以向直銷公司檢舉直銷商嗎？……66

Q23 可以同時做兩家直銷公司的直銷商嗎？……69

Q24 直銷公司限制我不能做任何其他公司的直銷商，這樣的競業禁止條款有效嗎？……71

Q25 直銷公司規定直銷商在參加契約終止後1年內都不得加入其他直銷公司，此限制有效嗎？……74

Q26 直銷公司有競業禁止條款，還可以挖別家公司的直銷商來兼作自己公司的直銷商嗎？……77

Q27 退出直銷公司後可以把組織帶到另一家直銷公司嗎？……80

Q28 直銷公司應該開放直銷商進行網路銷售嗎？……83

Q29 直銷公司可否訂定直銷商不得網路銷售條款？……85

Q30 直銷公司可否限制直銷商的銷售價格？……87

Q31 直銷商可以用贈品的方式販售產品嗎？……91

Q32 直銷公司規定直銷商要依照商品的建議售價銷售，否則負賠償責任，直銷商可以不遵守嗎？……94

Q33 直銷商可以不經過直銷公司同意，擅自使用直銷公司的著作、商標製作文宣品嗎？……97

Q34 產品如果未取得健康食品許可證，直銷公司或直銷商可以宣稱產品是「健康食品」嗎？……100

Q35 直銷公司或直銷商可以宣稱食品有醫療效能嗎？……103

Q36 直銷公司的產品如果是取得健康食品許可證的「健康食品」，可否宣稱有醫療效能？ …… 106
Q37 直銷公司可以販售醫療器材嗎？ …… 108
Q38 直銷商退出時，可以要求直銷公司刪除自己的個人資料嗎？ …… 110
Q39 直銷公司的商品廣告不夠吸引人，我可以自己做更有宣傳效果的廣告嗎？ …… 113
Q40 直銷商自行製作的商品廣告內容誇大不實，直銷公司是否有義務加以制止？ …… 116

PART 4 直銷商上、下線間之權利義務 119

Q41 直銷商對直銷公司的營業守則或參加契約有意見，能自己修改內容來約束下線嗎？ …… 120
Q42 上線可否用下線的名義或帳號幫下線訂貨？ …… 123
Q43 如果上線沒有造成下線的損害且基於好意，是否可未經下線授權，逕自使用下線的名義或帳號幫下線訂貨？ …… 126
Q44 直銷公司或直銷商在招募下線時，可以隱瞞是要從事直銷行爲嗎？ …… 129
Q45 直銷商在介紹商品時如有不實的說明，主管機關可以處分直銷商嗎？ …… 132

Q46 直銷公司或直銷商在分享成功案例時，可以使用誇張的言詞嗎？ 135
Q47 直銷商可以向直銷公司申請變更推薦人嗎？ 138
Q48 直銷商可以促使其他直銷組織的直銷商成為自己的下線嗎？ 141
Q49 直銷商可以先終止與直銷公司之間的參加契約，然後再申請加入選擇不同的推薦人嗎？ 144
Q50 直銷商可以促使原本即將成為其他直銷商下線的人，轉而成為自己的下線嗎？ 147

PART 5 直銷公司及直銷商與消費者之權利義務 151

Q51 直銷商可以主張自己是消費者，向直銷公司主張消費者保護法上的權利嗎？ 152
Q52 直銷商是否為消費者保護法上的企業經營者？ 155
Q53 直銷商賣給消費者的產品出問題，消費者應找直銷商還是直銷公司負責呢？ 158
Q54 直銷商跟上線購買後再轉賣給下線的產品，如果造成下線的損害，則直銷商應該找上線還是直銷公司負責呢？ 161
Q55 直銷商違法蒐集個人資料時，直銷公司是否要負連帶責任？ 164

PART 6 直銷權之轉讓、繼承 167

Q56 我能轉讓直銷權嗎？ 168

Q57 直銷公司可否規定直銷商需具備一定的資格才可以轉讓直銷權？ 171

Q58 直銷公司可以規定直銷權只能轉讓給符合一定資格的人嗎？ 174

Q59 直銷權能不能繼承？ 177

Q60 直銷商於生前向直銷公司預立承受計畫書，選擇其過世後的直銷權承受人，有什麼注意事項？ 180

Q61 直銷商預立遺囑由某位繼承人承受，全體繼承人可否一致同意改由另一位繼承人承受？ 183

Q62 參加契約的轉讓或繼承是否須經直銷公司的核准？ 186

PART 7 直銷商之退出與退貨 189

Q63 直銷商退出退貨時，直銷公司可以只給直銷商換貨，而不給直銷商退貨嗎？ 190

Q64 加入直銷公司已逾 6 個月，但一開始向直銷公司所買的產品都賣不出去，我決定不做直銷了，此時還能向直銷公司辦理退貨嗎？ 193

目錄 CONTENTS

Q65 直銷公司規定直銷商，在參加契約存續期間所買的商品可以退貨，但沒有規定退貨期限，這代表隨時都可以退貨嗎？ 195
Q66 直銷公司可否規定：直銷商在參加契約存續期間內，不得退貨，只能以商品有瑕疵爲由辦理換貨？ 198
Q67 直銷公司在我退出退貨時，扣除刷卡手續費、行政作業費等，合理嗎？ 201
Q68 商品減損價值該怎麼算？ 204
Q69 直銷公司在我申請退出退貨時，主張應扣除因此所生之違約金、損害賠償，合理嗎？ 207
Q70 直銷公司可以要求直銷商退出時，須檢具購貨發票才能辦理退貨嗎？ 210
Q71 上線直銷商幫忙代購商品後，要求我撕毀購貨發票，導致我退出直銷公司時無法退貨，上線直銷商有違法嗎？ 213

PART 8 直銷糾紛之救濟 217

Q72 旁線直銷商搶我的下線，我可以請求多層次傳銷保護基金會調處嗎？ 218
Q73 直銷公司誹謗直銷商名譽的刑事糾紛，可以請求多層次傳銷保護基金會調處嗎？ 220

Q74 直銷商與直銷公司發生糾紛後才加入多層次傳銷保護基金會，能就加入前發生的糾紛請求調處嗎？ …… 222
Q75 第一次調處程序中，雙方溝通出初步調處方案，直銷商可以於第二次調處程序中再提出新調處方案嗎？ …… 224
Q76 作成調處書後，直銷公司可否以「退貨部分應扣除獎金而未扣除」爲由，要求重新作成新的調處書？ …… 227

PART 9 附録 231

附録 1 多層次傳銷管理法 …… 232
附録 2 多多層次傳銷管理法施行細則 …… 241
附録 3 直銷活動照片 …… 245

PART1 直銷制度概論

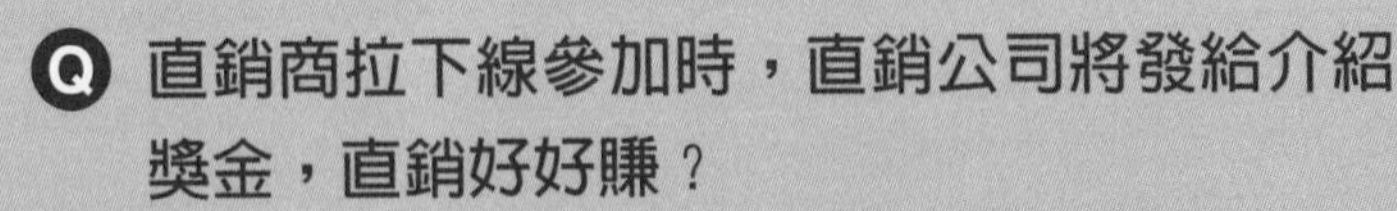

Q 直銷商拉下線參加時，直銷公司將發給介紹獎金，直銷好好賺？

A 小心這可能不是正常的直銷而是老鼠會！

範例故事

太平道直銷公司跟村民招攬：「本公司即將統一天下，前景無限，現在花 20 兩加入太平道直銷公司，就可享有終身會員資格，會員只要介紹另一個會員參加，本公司就發給 5 兩的介紹獎金，機會難得趕快加入！」試問：直銷商（村民）介紹下線參加時，太平道直銷公司將發給介紹獎金，這樣有什麼問題？

說明解析

所謂的老鼠會，也稱作龐氏騙局或金字塔詐欺，就是以後面加入的會員的錢，作為上線介紹獎金的「返利」操作模式。簡言之，老鼠會通常是：直銷商加入老鼠會公司時必須繳納不低的入會費，但並沒有實際的商品或服務，而是鼓吹直銷商介紹他人參加，當他人成為下線時，直銷商就可以得到高額的介紹獎金。介紹獎金並不是來自公司販售產品或服務的眞實產能，而是由下線繳納的入會費，撥出一部分作爲直銷商的介紹獎金，整個過程就是一個不斷吸收下線，以下線入會費養上線的金錢騙局遊戲。

老鼠會最大的問題在於，當你加入並繳納入會費時，會想要拉人頭到「至少」攤平入會費爲止，假設你拉了 4 個下線可以攤平入會費，你的 4 個下線又分別會去拉 4 個下線，勢必最後一層的會員將面臨無法拉到下線，或者是下線繳的入會費養不起龐大的上線群，此時騙局現形，而最源頭的老鼠會公司早就吸金飽飽，不知跑哪兒去了，留下一堆遭受入會費損失的會員。

當然老鼠會也可能以其他模式出現，讓直銷商無法辨識，如公司擬上市上櫃要你趕快卡位投資、商品在國外無法檢視、商品虛化，或是一般人根本不會想要使用的商品等，當你對於公司經營項目、販售商品無法確切掌握時，就要思考上述情形，你很可能正陷在老鼠會的一環裡。本案例中，太平道直銷公司是在賣「一個公司統一天下的前景」，但究竟會不會統一天下還是個未知數，實際上，太平道公司並沒有經營實質商品或服務，很可能是一個老鼠會。

法律小觀點

老鼠會公司通常沒有實際經營的項目、或實際販售的商品服務，而是透過「以下線繳納入會費的錢，給上線作為介紹獎金」的返利操作模式，淪為單純的金錢騙局遊戲。

Q 直銷公司的商品是在國外種植農產品並在國外收成後當地銷售，有問題嗎？

A 不能實際檢視商品的直銷公司，有可能是老鼠會。

範例故事

南蠻直銷公司向直銷商表示，公司商品是「西蜀地區辣椒的種植及銷售」，直銷商可用 10 兩購買西蜀山區 1 畝的辣椒種植面積，收成的辣椒會直接在西蜀販售，扣掉成本後，直銷商 1 年可領回 2 兩的利潤。孟獲聽了非常有興趣，也加入成直銷商並購買了幾畝地，但每次向公司要求到西蜀看看自己的辣椒種植情形，都被南蠻公司以西蜀山區偏遠等理由拒絕。試問：南蠻直銷公司的商品可能有什麼問題？

說明解析

直銷與老鼠會的最大差別，在於直銷是公司有實際經營項目或販售商品，獲有利潤後以此發放直銷商佣金獎金；老鼠會則是公司沒有實際經營販賣商品或服務，而是以吸收會員入會所繳納的入會

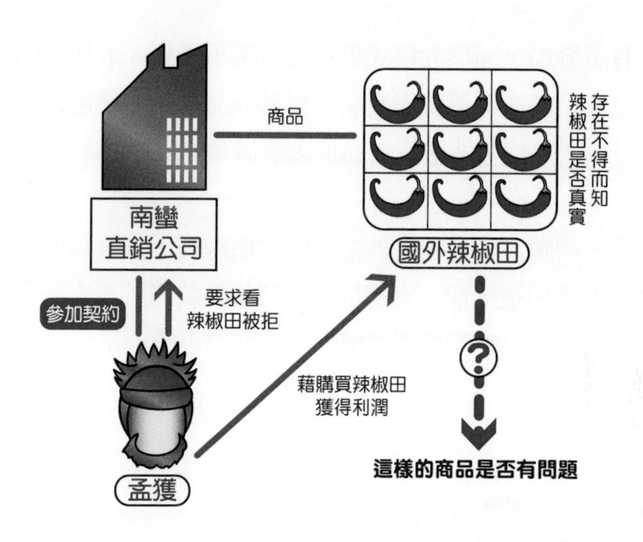

費作爲介紹人的介紹獎金來源的返利操作模式，是一個金錢騙局遊戲。

大家現在都知道，直銷不能以單純拉人頭方式獲取利潤，否則可能會構成老鼠會，但老鼠會也是會隨著時代轉型，有一種型態就是：老鼠會包裝成公司有經營商品的外觀，但直銷商未實際販售商品，也無法檢視商品，到底有沒有這個商品？直銷商自己也無法確切掌握。

實務上，曾有直銷公司的商品是於國外購買自動按摩機，並設置於國外的公共場所，出租給該國外的消費者投幣使用，直銷商可以拿到一組編號，按月領取出租獎金；但自動按摩機在哪？是否損壞？是否確實出租？直銷商均無法得知。像這類型的案件，直銷商應該要有所警惕，同樣的模式很可能換湯不換藥。最簡單的檢驗方式，就是直銷商親身體驗過商品，對於商品的實際使用情形能夠跟消費者分享，這樣才能避免自己掉入老鼠會的陷阱。

本案例，南蠻直銷公司在西蜀山區種植辣椒，但直銷商孟獲要前往檢視辣椒種植情形卻一直遭拒，這時孟獲就應該要有所警覺，南蠻公司到底有沒有實際種植辣椒呢？否則很可能就是一個老鼠會。

法律小觀點

直銷公司雖然有商品的外觀，但是商品並不是直銷商能夠檢視的，直銷商不必負擔銷售或售後服務，只剩下運作組織的經營模式──這很可能就是老鼠會！

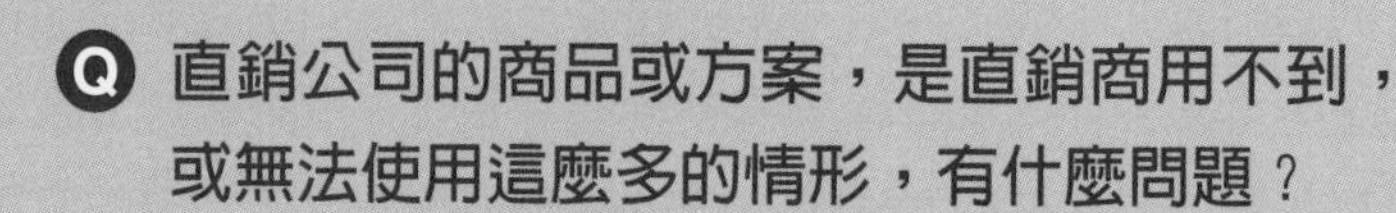

範例故事

北魏直銷公司以網路作爲公司商品，向直銷商表示「公司有1組、4組及7組等三種不同的網路空間方案可供販賣，直銷商可以自己選擇購買組數，取得不同的直銷商聘階」。直銷商夏侯惇向來對於網路趨勢非常認同，所以選擇購買7組的方案，但夏侯惇購買後數日，不禁納悶，自己再怎樣也是使用1組，爲什麼公司要推出7組的方案呢？試問：北魏直銷公司的商品可能有什麼問題？

說明解析

直銷不能以單純拉人頭方式獲取利潤，否則可能就是老鼠會，但老鼠會公司會用許多方式去包裝拉人頭的利潤，例如，要求直銷商購買多組的商品，但其實該商品1組就夠了，多買無益，此時公司的直銷商品形同虛設，直銷商購買多組商品等於花錢買聘階，或花錢買可以介紹他人入會的這個介紹資格，大家重點不是著眼在商品，此時有個專有名詞叫做「商品虛化」。

實務上，曾有直銷公司提供「直銷商可以購買 1 套、4 套或 7 套網路購物平臺」三種不同方案，直銷商購買越多套數，就可以享有較高的聘階與佣金獎金成數。但問題是，直銷商如果想要開網路商城的話，買 1 套即可，爲什麼需要買到 7 套呢？這時網路平臺商品的購買組數，似乎就變成聘階及佣金獎金成數的替代選項，直銷商著眼的重點，不是網路購物平臺的功用及品質，而是以網路購物平臺作爲取得介紹他人參加的門檻，只要購買網路購物平臺就可以介紹他人入會，購買越多組數可以分得較高的佣金獎金成數，導致商品虛化，如此直銷商還是只爲了拉人頭入會，故法院曾判決這樣的案例構成商品虛化的老鼠會。

本案例，直銷商夏侯惇只會使用到 1 組網路空間，其他組多買無益，已經出現商品虛化的現象，很有可能是老鼠會。

法律小觀點

直銷商品性質如果是多買無益的，則直銷公司提供購買不同組數的商品，那可能只是聘階或佣金獎金成數的包裝選項，商品實際上已經虛化，大家只在意拉人頭入會，此時就可能是變質直銷的老鼠會。

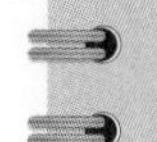

Q 直銷商品如果逾越合理市價，有什麼問題？
A 可能是變形的「老鼠會」。

範例故事

東吳直銷公司以能量胭脂作為商品，號稱該胭脂的原料，使用能量礦物質作為原料，這款能量胭脂要價60兩。直銷商小喬對於胭脂非常有研究，使用過後發現，能量胭脂與一般市價6兩的胭脂沒什麼兩樣，卻要價60兩實在太貴，但是拉一個下線就可以換得10兩的回饋金，收入頗豐，所以小喬對於能量胭脂的品質不太在意，也介紹了親朋好友加入東吳公司。試問：該款比市價貴60倍的能量胭脂，可能有什麼問題？

說明解析

直銷不能以單純拉人頭方式獲取利潤，否則可能就有構成老鼠會的嫌疑，但老鼠會公司包裝的方式百百種，例如本案例的型態就是：直銷商品明顯逾越合理市價甚多，但實際上公司生產該商品的成本很低，直銷商加入時購買該商品所付出的大量費用，多用在發放獎金給直銷商，此時仍實質上是以後面加入會員的入會費「返利」作為前面加入會員的獎金，構成變質直銷。逾越合理市價的商品只是「公司經營並販售商品」外觀的幌子。

實務上曾有直銷公司販售能量項鍊等商品，經法院傳喚直銷商作證時，直銷商表示商品 10 個裡面有超過一半有瑕疵，且產品售價是外面市場的好幾倍，但因爲直銷商比較在意身爲會員可領取的獎金，所以該商品只當成贈品使用的心態，不太在意商品品質，也沒有推銷商品。像這樣的案例，法院判決直銷商加入公司只是爲了領取獎金，並不是爲了推廣或銷售商品，是構成變質直銷的。

所以這種商品價格逾越合理市價類型的案件，直銷商應該要提高警覺，因爲根據一般消費者的心態，如果拿到瑕疵商品必定會非常生氣，要求退貨或換貨，但當你買的直銷商品比一般市價要貴許多，而你也不太在意時，不妨想想你加入這間公司的原因是什麼？如果這項商品根本沒人想要，爲什麼公司要賣這麼高的價錢，而你也願意買單，如果大家在意的是拉人頭入會後面的利益，會不會掉進了老鼠會的陷阱呢？

本案例，小喬對於逾越市價 60 倍且功能一般的能量胭脂不太在意，而是著眼於介紹一個直銷商可以領取的 10 兩回饋金，東吳直銷公司號召他人加入的目的不是推廣銷售商品，很可能是構成變質直銷的老鼠會。

Q 直銷商是否屬於直銷公司之員工？
A 不屬於。

範例故事

張飛參加趙雲所任職之西蜀直銷公司，成爲直銷商。某日，趙雲邀張飛參加公司的員工旅遊，並向張飛強調全程免費，張飛聽到「免費」二字眼睛都亮了起來，馬上打電話到公司報名，但承辦人員卻表示限「員工」才能參加，張飛忿忿不平道：難道直銷商不是直銷公司的員工嗎？試問：張飛是否屬於西蜀直銷公司之員工？

說明解析

所謂公司之員工，通常是指公司依僱傭契約或勞動契約所聘用之人，例如公司人事部門、財務部門等內部職員，這些職員對於公司均具有服勞務上的「從屬性」特徵，司法實務上認爲，如果一方在人格上、經濟上及組織上完全從屬於另一方，而且對於另一方的指示具有服從義務，則兩者間成立的就是勞動契約或僱傭契約。

然而，直銷商與直銷公司間法律關係是基於參加契約而來，所謂參加契約，指直銷公司與直銷商約定，於直銷商加入後，取得推廣、銷售產品或服務及介紹他人參加之權利，並由直銷商就自己推廣、銷售之營業額及被介紹人之銷售營業額中獲取一定之經濟利益。是直銷商因自負推廣、銷售產品或服務之一切盈虧損益，而具備經濟上獨立性；且直銷商可自主決定如何推廣、銷售商品、介紹何人進入直銷事業，故具備人格上獨立性，換言之，直銷公司與直銷商間，彼此爲平行關係，並無上下隸屬關係，不受直銷公司之指揮、監督，為一獨立運作之事業單位，而與直銷公司內部員工有別。

公平交易委員會（本書以下簡稱公平會）向來也認爲(註)，直銷商與直銷公司間，較一般僱傭關係受僱人具有自主獨立性，且直銷商得獨立決定商品銷售策略，無須依附或服從直銷公司指令之義務，而是屬於獨立之銷售事業或個體，並非屬僱傭或勞動契約關係；而臺灣高等法院101年金上重訴字第54號判決也曾表示：「傳銷事業之參加人具有非依附或服從傳銷事業指令，得獨立決定商品銷售策略，爲一獨立之營業主體，與傳銷事業內部成員有間之特性。」

綜上所述，直銷商具備經濟上、人格上之獨立性，並不受直銷公司之指揮、監督，而是兼具備「經營者」、「管理者」、「消費者」身分，與直銷公司內部員工角色全然不同，故在本案例中，張飛既然不是西蜀直銷公司的員工，當然也就無法參加免費的員工旅遊了。

整理直銷公司內部員工及直銷商相關比較如下：

主體	契約關係	契約性質	人格上從屬性	經濟上從屬性	受雇主指揮、監督
公司內部員工	民法僱傭契約	民法第 482 條僱傭關係	✓	✓	✓
	勞動基準法勞動契約	不限於僱傭關係，凡勞務給付之契約，具有從屬性勞動性質者均屬之	✓	✓	✓
直銷商	參加契約	自負盈虧，並得自行決定經營策略	×	×	×

法律小觀點

很多人以為直銷公司以營運規章（營業守則）規範：「直銷商不得冒用下線直銷商名義訂貨」等規定加以限制直銷商行為，而認為直銷商是受到直銷事業指揮、監督，但這些規定是基於雙方參加契約平行關係而來的權利義務，並不代表直銷商與直銷公司間具有指揮、監督關係。

(註) 公平會 91 年 10 月 21 日（91）公處字第 091170 號處分書、公平會 100 年 3 月 3 日（100）公處字第 100022 號處分書。

Q 直銷商可以依性別工作平等法向直銷公司請育嬰假嗎？

A **直銷商並非受僱者，無法依性別工作平等法請育嬰假。**

範例故事

東吳直銷公司直銷商周瑜與受僱於同公司公關部門的小喬，結婚多年終於喜獲麟兒，周瑜初為人父，喜悅不在話下，恨不得時時刻刻陪著孩子，因此打算依據性別工作平等法向東吳公司申請育嬰假。試問：周瑜可依該法，向東吳直銷公司請育嬰假嗎？

說明解析

因考量多數父母仍親自養育幼兒，為了保障父母之工作權益，使其能平衡及兼顧工作與照顧家庭，性別平等工作法第 16 條第 1 項規定：「受僱者任職滿六個月後，於每一子女滿三歲前，得申請育嬰留職停薪，期間至該子女滿三歲止，但不得逾二年。同時撫育子女二人以上者，其育嬰留職停薪期間應合併計算，最長以最幼子女受撫育二年為限。」這就是所謂的「育嬰留職停薪」，也是俗稱的「育嬰假」。於育嬰假期間，符合一定條件，得依據就業保險法規

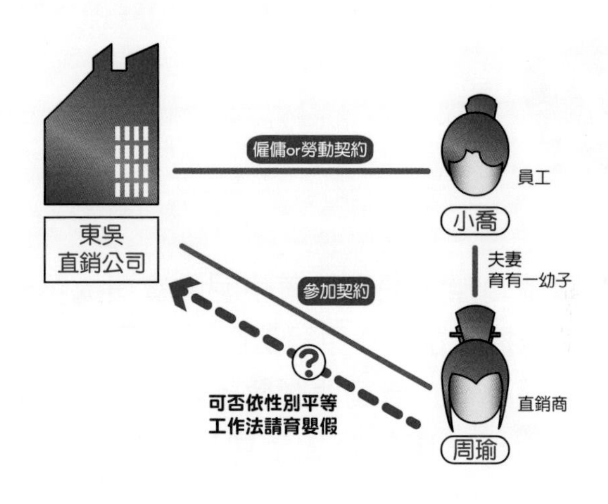

定申請發給育嬰留職停薪津貼。

自上述規定內容可知，性別平等工作法的育嬰假規範，文義上看來，要屬於「受僱者」身分才能適用，而所謂「受僱者」，依據該法第 3 條第 1 款，是指「受雇主僱用從事工作獲致薪資者」；另外，行政院勞工委員會（現勞動部）98 年 7 月 24 日勞保 1 字第 0980020551 號函也明確表示：育嬰假之規範對象應以為「受僱者」為限，也就是如果屬於自營作業者，因非屬受僱者，並無育嬰假規定的適用。

自 Q5 說明中，已經可以明確區分直銷商與直銷公司內部受僱員工之異同，也就是說，直銷商並非受僱員工，而是具有獨立經營經濟體特性，所以直銷商自然不符合性別平等工作法所稱「受僱者」之主體要件，因而無法適用該法所定育嬰假的相關規範，做本案例中，周瑜因爲並非屬於東吳直銷公司受僱員工，也就不得依照性別平等工作法向東吳公司請育嬰假。

Q7

Q 直銷商無法提出就業證明，會造成其配偶無法依據性別工作平等法請育嬰假嗎？

A 應該不會，直銷商應該不屬「配偶未就業」的情形，申請時建議可提出所得扣繳憑單等，以供佐證。

範例故事

周瑜是東吳直銷公司的直銷商，他在小孩出生後，與受僱於同公司公關部門的太太小喬商量，由小喬依據性別工作平等法向東吳公司請育嬰假，但當小喬準備要申請時，同事卻說育嬰假需要提出配偶在職的相關證明，小喬開始緊張了，因爲老公周瑜並沒有保勞保、也沒有薪資條，要如何提出在職證明呢？試問：小喬會不會因爲周瑜提不出薪資條、勞保明細，而無法請育嬰假？

說明解析

由於性別工作平等法第 22 條規定：「受僱者之配偶未就業者，不適用第十六條及第二十條之規定。但有正當理由者，不在此限。」以及育嬰留職停薪實施辦法第 2 條第 1 項、第 2 項第 6 款要

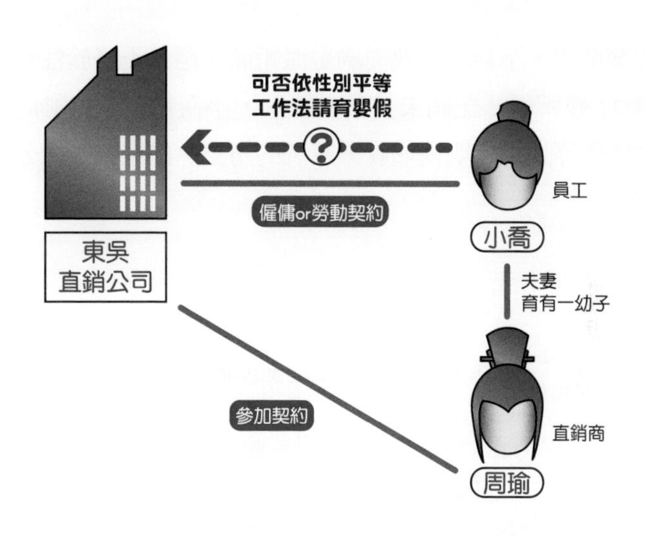

求：「受僱者申請育嬰留職停薪，應事先以書面向雇主提出。」「前項書面應記載下列事項：六、檢附配偶就業之證明文件。」所以說，如果在受僱者配偶未就業的情況下，因仍有人力可以照顧小孩，所以受僱者自不需要請育嬰假照顧小孩，也就沒有育嬰假相關規定適用。

目前，主管機關於認定「配偶未就業之情況」，是包括服刑、服役、國內外進修或失蹤等原因而未就業。就此看來，直銷商並非在主管機關認定「配偶未就業」之列，而似得認為是屬於有「就業」的情況，因而直銷商雖不能提出諸如薪資條、勞保投保明細等在職證明，但不妨提出所得扣繳憑單、佣金獎金報表或是請直銷公司開立從事直銷事業的證明，以證明確實是有「就業」的狀況。

在本案例中，小喬的配偶周瑜是直銷商，應該不屬於性別工作平等法第 22 條所稱「配偶未就業」情形，小喬仍可以檢附周瑜的所得扣繳憑單等足以證明周瑜就業狀況的事證，向東吳直銷公司申請育嬰假。

法律小觀點

高雄市政府勞工局性別工作平等宣導手冊「性別工作平等法 Q&A」表示，「配偶未就業情況」，是包括服刑、服役、國內外進修或失蹤等原因。該手冊中有許多關於性平法實用的問題，讀者可自行參看。

性別工作平等法 Q&A
http://labor.kcg.gov.tw/Files/ 性別工作平等 QA.docx

Q 外國直銷公司在網路上的廣告十分吸引人，直銷商參加後有臺灣直銷法令的保障嗎？

A 參加設於境外的外國直銷公司，很可能無臺灣直銷法令的保障，因此建議要選擇已經在臺灣報備的直銷公司。

範例故事

劉禪在瀏覽外國網站時，看到國外的北魏直銷公司打出「立即點擊賺現金」的廣告連結，號稱只要繳新臺幣 1,000 元註冊費，每月再介紹好友加入，就能躺著賺錢，劉禪深受吸引，馬上點擊該連結完成加入手續，但同時也擔心會不會是騙局呢？試問：劉禪加入北魏直銷公司後，是否有臺灣直銷法令的保障？

說明解析

依據多層次傳銷管理法第 6 條規定，直銷公司於開始實施直銷行為前，應檢具相關法定文件、資料，向公平會報備，所以外國直銷公司如果已向公平會報備實施直銷制度，則該外國直銷公司自然會

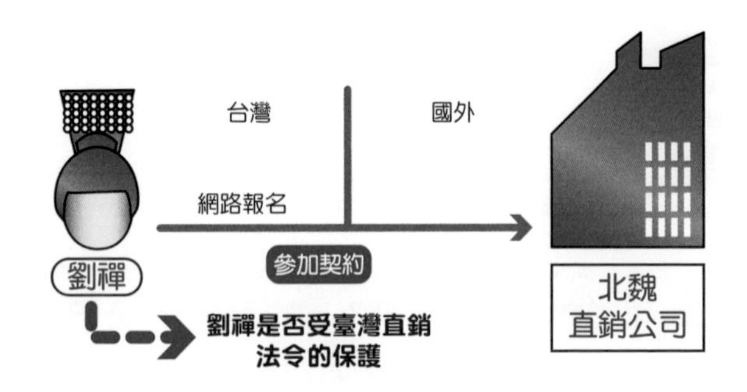

受到多層次傳銷管理法令的規制，直銷商亦可因此享有相當程度之權益保障，例如：直銷商退出退貨之權利。

實務上常出現的卻是外國直銷公司未向公平會報備，但也沒有在臺灣實施直銷行爲，而是透過境外外國公司名義或設立於非臺灣地區網域之網址，使用刊登廣告、架設網站等方式召募直銷商，此時如果臺灣人參加成爲直銷商，就是等同「在國外參加外國直銷事業」之情況。公平會 90 年 2 月 2 日（90）公參字第 8913496-002 號函釋曾表示：「臺灣參加人於中華民國境外參加該國外傳銷事業，自亦應受該國法律之拘束，另系爭外國多層次傳銷活動倘未對國內相關市場之競爭環境造成影響，則應尚無我國傳銷法令之適用。」也就是說，貿然參加外國直銷公司，將有無法適用多層次傳銷管理法令之可能，直銷商權益也將失去該法令的保障。

此外，參加前述外國的直銷公司，也可能因語言不通、距離過遠、各國法令之差異，衍生許多問題，更可能產生求償無管道或無處申訴之困境，而如果是透過網際網路參加外國直銷公司，也可能因爲網際網路之被駭，產生個人資料外洩或被詐騙的情況發生，實有極大的風險存在。

本案例中，劉禪所參加的北魏直銷公司，是屬於在境外參加外國直銷公司的態樣，如果遇到問題，將無法尋求多層次傳銷管理法令的保護，使自己陷於莫大的風險當中。

法律小觀點

1. 上述公平會 90 年 2 月 2 日（90）公參字第 8913496-002 號書函已因法條移列而停止適用，但其內容仍值供讀者參酌。
2. 提醒讀者應謹慎思考是否加入外國直銷公司，切莫因圖小利而蒙蔽了雙眼，最好是先上「公平會網站直銷事業報備名單」查詢該外國直銷事業是否已經報備。

公平會網站直銷事業報備名單
https://www.ftc.gov.tw/fair/report/report_13.aspx

Q9

Q 外國直銷公司想要開拓臺灣直銷市場，是否要先向主管機關報備？

A **是，欲在臺灣實施直銷行為，均應向主管機關報備後，才能開始實施。**

範例故事

東吳直銷公司是一家美國直銷公司，看好臺灣直銷市場，但因為不懂臺灣法律有什麼規定，總裁孫權遂請公司員工黃蓋去查詢，但黃蓋卻把這件事忘了，幾日後孫權詢問黃蓋時，黃蓋便隨便說：雖然臺灣有多層次傳銷管理法，但我們是外國的公司，不會受到規範，也就沒有報不報備的問題。孫權於是召集主管們開會準備進軍臺灣的計畫。試問：黃蓋的說法正確嗎？

說明解析

依據多層次傳銷管理法第3條：「本法所稱多層次傳銷，指透過傳銷商介紹他人參加，建立多層級組織以推廣、銷售商品或服務之行銷方式。」同法第4條第1、2項：「本法所稱多層次傳銷事業，指統籌規劃或實施前條傳銷行爲之公司、工商行號、團體或個人。

外國多層次傳銷事業之傳銷商或第三人，引進或實施該事業之多層次傳銷計畫或組織者，視爲前項之多層次傳銷事業。」因此可以知道，多層次傳銷管理法所定義的「多層次傳銷事業」，並沒有本國、外國的區分，如果外國公司以直銷方式銷售商品、服務，也會是多層次傳銷管理法所定義的「外國多層次傳銷事業」。

公平會88年11月30日（88）公處字第149號處分書表示：「鑑於國際商業活動往來頻繁，故多層次傳銷事業除於本國從事傳銷活動外，亦有於其他國家境內從事跨國性傳銷組織或計畫，而其於境外所從事之商業行爲，即應遵守當地國家法令，爰若有外國多層次傳銷事業欲於我國境內營業實施多層次傳銷行爲，除應遵照公司法規定申請認許外，亦應受公平交易法有關多層次傳銷之規範。」因此外國直銷公司只要在臺灣地區、網域等實行直銷行為，仍會受到臺灣多層次傳銷管理法等直銷法令的規範，並應該於開始實施直銷行爲前，依多層次傳銷管理法第6條規定，檢具相關資料文件向公平會報備，如果在實施直銷行爲前未經報備，就會遭到主管機關公平會的裁罰。本案例中，黃蓋所言並不正確，實際上外國直銷公司如果要來臺灣進行直銷行爲，仍應該遵守臺灣直銷法令，經向主管機關報備後，才能開始實施。

法律小觀點

1. 與本問題不同，Q8 所指的外國直銷公司並沒有在臺灣實施直銷行為。
2. 要在臺灣進行直銷行為前，應向主管機關報備，報備程序事項請上公平會多層次傳銷管理網站。

公平會多層次傳銷管理網站
https://www.ftc.gov.tw/fair/

Q 我是外國直銷公司的直銷商，想在臺灣介紹朋友參加，會違法嗎？

A 外國直銷公司應先向主管機關報備，否則直銷商可能會被視為引進或實施直銷制度的「直銷事業」，因而有觸法之可能。

範例故事

劉禪在美國讀書時，加入該地西蜀直銷公司成爲直銷商，因努力經營賺了不少錢。學成歸國後，因爲看到好友趙雲面臨失業，遂向趙雲介紹西蜀公司的直銷組織及獎金制度，趙雲聽完後便立即加入，也改善了生活環境，此事傳開後，劉禪的朋友都紛紛來問西蜀公司的參加概況，劉禪索性舉行說明會，並廣邀聽衆來參加西蜀公司。試問：劉禪之行爲違法嗎？

說明解析

由於跨國商業活動頻繁及科技網絡之發展，直銷的行銷手法不斷翻新，實務上常出現外國直銷公司透過直銷商或第三人先行到臺灣發展直銷組織，待至一定規模，再設立分公司並向公平會進行報備

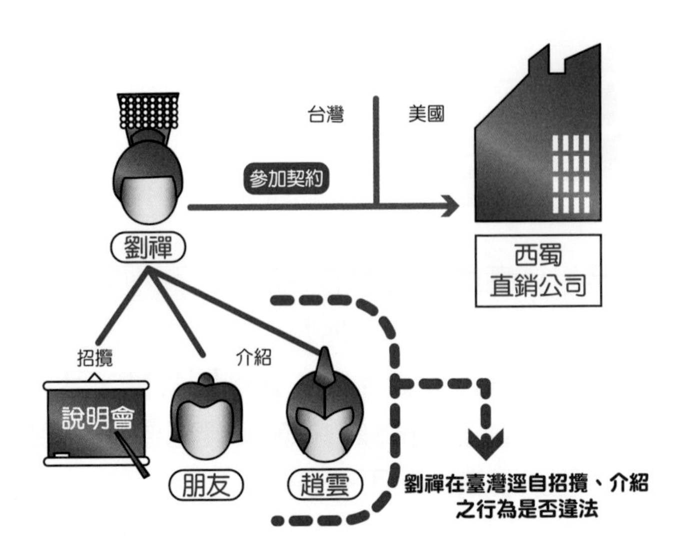

情況；另外，外國直銷事業可能是藉由網際網路實施直銷行爲，但直銷商間多爲匿名狀況，在彼此不認識而且存有跨國交錯推薦的關係下，實際上已經屬於在臺灣從事直銷行爲的態樣了。

因此，爲了管理的必要性，多層次傳銷管理法第 4 條：「本法所稱多層次傳銷事業，指統籌規劃或實施前條傳銷行爲之公司、工商行號、團體或個人。外國多層次傳銷事業之傳銷商或第三人，引進或實施該事業之多層次傳銷計畫或組織者，視爲前項之多層次傳銷事業。」將引進或實施外國直銷公司直銷計畫或組織的外國直銷公司直銷商或第三人，視作為「直銷事業」，納入臺灣直銷法令的管理範圍。而實務上也常見外國直銷公司的直銷商或第三人，於臺灣引進、實施直銷組織制度時，未向主管機關報備，或未交付書面參加契約予參加人而遭行政裁罰案例。要特別說明的是，舉凡推廣、廣告、招攬、向朋友介紹、開說明會、簽訂參加契約等等，都可能會被認定是「引進、實施直銷組織制度」，而屬於在臺灣從事直銷行為，受到臺灣直銷法令管制。

在本案例中，由於劉禪有向趙雲介紹西蜀直銷公司的直銷組織及獎金制度的行爲，以及自己舉行說明會的招攬行爲，因此劉禪可能會被視爲多層次傳銷管理法的「直銷事業」，受到臺灣直銷法令的管制，如果在進行直銷行爲前未向主管機關報備，將涉及違法。

法律小觀點

1. 多層次傳銷管理法第 4 條所謂「第三人」，是除了外國直銷公司之直銷商以外之人，包含公司法人。
2. 任何人如果認為某家「外國」直銷公司不錯的，想引進臺灣或向朋友「呷好逗相報」，務必先上公平會多層次傳銷管理網站進行報備，以免觸法。

公平會多層次傳銷管理網站
https://www.ftc.gov.tw/fair/

PART2

直銷商之身分

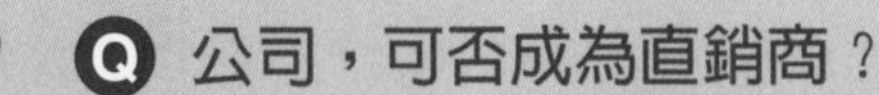

Q 公司，可否成為直銷商？

A 原則上能，除非直銷公司的營業守則或參加契約禁止。

範例故事

小喬想以「銅雀臺有限公司」的身分成爲東吳直銷公司的直銷商，並由小喬自己擔任公司負責人，但她不清楚是否能以公司的名義加入成爲直銷商。試問：「銅雀臺有限公司」能否成爲直銷商呢？

說明解析

公司能不能成爲直銷商，這個問題的根源在於公司雖然是透過法律創設而可以從事商業行爲的主體，但公司「本身」沒辦法像自然人一樣自己去做「面對面」的推廣銷售行爲。而傳統的直銷強調的是一種原則上需要「面對面」以口語推銷商品、服務的行業，似乎讓人很難想像直銷商可以是一間無法與你面對面說話的公司。

然而，若就法律而言，多層次傳銷管理法第 5 條對「直銷商」

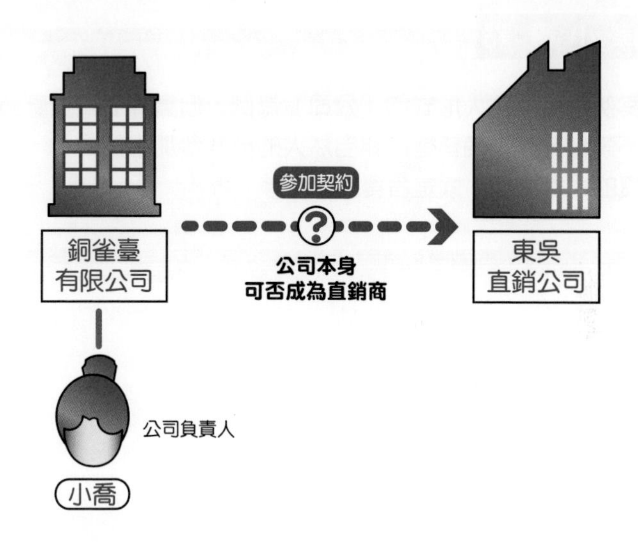

的定義是：「本法所稱傳銷商，指參加多層次傳銷事業，推廣、銷售商品或服務，而獲得佣金、獎金或其他經濟利益，並得介紹他人參加及因被介紹之人爲推廣、銷售商品或服務，或介紹他人參加，而獲得佣金、獎金或其他經濟利益者。」這個規定並未將直銷商限定爲僅有自然人才能夠擔任，因此，在法律並未有禁止規定的情況下，只要直銷公司的營業守則或參加契約允許，即能以公司的形式參加成為直銷公司的直銷商。

所以，在本案例中，只要東吳直銷公司的營業守則或參加契約沒有規定直銷商必須爲自然人，小喬便能以「銅雀臺有限公司」的身分，加入成爲東吳公司的直銷商。

法律小觀點

本案例雖以具法人形式的「公司」為例，但實際上只要直銷公司不禁止，直銷商皆能以非自然人的形式參加直銷公司，例如獨資的「行號」，或是合資的「合夥」等。

Q 夫妻可否共同經營一個直銷權？

A 原則上能，除非直銷公司的營業守則或參加契約禁止。

PART2

範例故事

小喬對直銷很有興趣，但覺得自己沒什麼經驗，因此有意與已在東吳直銷公司擔任直銷商、於業界頗具聲望的老公周瑜共同經營一個直銷權。試問：

1. 小喬能與周瑜共同經營一個直銷權嗎？
2. 若能，共同經營的方法是什麼？

說明解析

多層次傳銷管理法並未限制直銷商之身分，因此，只要公司沒有禁止，夫妻原則上是可以共同經營一個直銷權的。不過問題是，夫妻究竟要如何共同經營一個直銷權呢？

兩個以上的人共同經營某項事業，除了以公司的形式來經營外，還有「合夥」的方式可以考慮。所謂「合夥」，指的是「二人以上

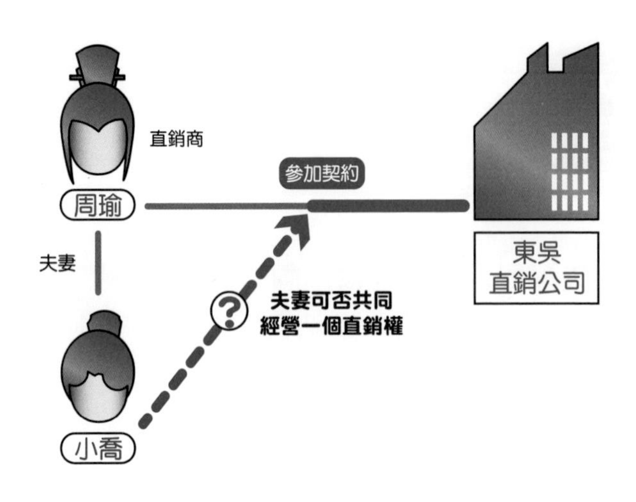

互約出資以經營共同事業之契約」（民法第667條），由於該事業是由「數人共營」而成立，因此合夥組織並非單一的自然人，也非法人。因此，合夥的組織被稱為是「非法人團體」，而「非法人團體」無需經登記，即可有對外活動的能力、為有效的法律行為。法院實務上認爲，若合夥具有：1. 一定名稱及事務所或營業所；2. 一定之目的、獨立之財產；以及3. 設有代表人或管理人等要件時，亦能享有獨立的法律地位。

所以，夫妻如果想要共同經營一個直銷權，則可以考慮合資，以「合夥」的名義加入成爲直銷商。在本案例中，若東吳直銷公司的營業守則或參加契約沒有規定直銷商只能是自然人，則小喬可以與其丈夫周瑜合資成爲「合夥」，並以合夥的身分加入成爲直銷商，此不失爲一個可考慮的途徑。

法律小觀點

直銷公司同意夫妻可以共同經營一個直銷權的情況，夫妻可以考慮以公司或合夥的方式來經營，但有些直銷公司會規定，於此種情形，只認可他們推派出其中一人為直銷權被授予的對象，所有的權利義務，直銷公司只跟該人決算。

Q13

Q 夫妻能在同一家直銷公司內各自經營自己的直銷權嗎？

A **原則上能，但臺灣直銷公司的營業守則或參加契約通常要求夫妻只能夠經營一個直銷權。**

範例故事

呂布的妻子貂蟬看到呂布的直銷事業經營有成，漸漸興起開創直銷事業的念頭。然而，由於貂蟬與呂布素有嫌隙，因此她並不打算與呂布共同經營呂布的直銷權，而想要自己在直銷公司內經營另一個直銷權。試問：呂布與貂蟬爲夫妻關係，兩人能否在直銷公司各自經營自己的直銷權？

說明解析

夫妻爲兩個獨立的自然人，兩人除依民法第 1003 條規定，「於日常家務，互爲代理人」外，原則上能各自獨立爲法律行爲，彼此互不干涉。因此，若夫妻選擇不以合夥的方式共同經營一個直銷權（合夥之說明可參 Q12），而是在同一家直銷公司內各自經營自己的直銷事業，亦無不可。

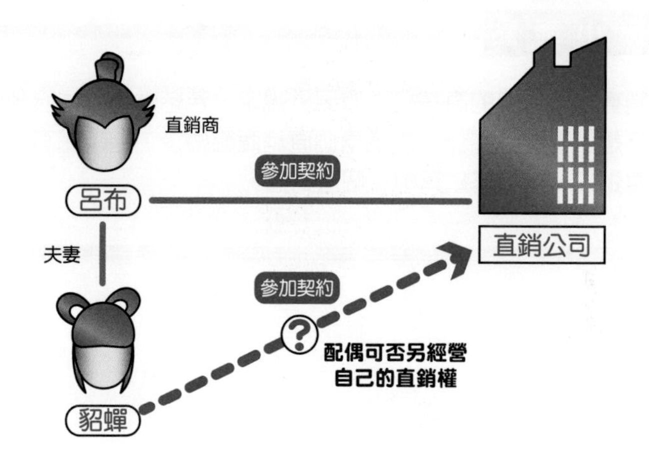

由於多層次傳銷管理法並未明文規定，夫妻是否能在同一家直銷公司內各自經營直銷權，因此，基於契約自由，直銷公司若透過營業守則或參加契約，要求夫妻必須共同經營一個直銷權，此時夫妻即不能在同一家直銷公司內各自經營自己的直銷權。就我國直銷實務而言，其實有相當多的直銷公司會在營業守則中規定「夫妻必須共同經營、共同擁有一個直銷權」，以排除夫妻在各自經營直銷權的可能性。例如，有直銷公司的營業守則規定：「夫妻須共同擁有一個直銷權。二位直銷商結婚時，須於婚後三十天內終止一直銷權。」

本案例中，貂蟬能否在直銷公司另外經營一個自己的直銷權，端視公司是否有「夫妻必須共同經營一個直銷權」之規定。倘有，則貂蟬將因爲呂布已經是直銷商的緣故，必須與呂布共同經營呂布的直銷權，而不能再另外經營一個自己的直銷權。

法律小觀點

直銷實務中，有的直銷公司會另外規定，若結婚的兩個直銷商本來是上下線的關係，則這兩個直銷商結婚後，仍能保有各自的直銷權，無須終止其中一個直銷權。

Q 外國人，可否成為臺灣直銷公司之員工？

A **原則上應先取得勞動部工作許可，例外則可不必。**

範例故事

美國籍的孟獲，因網路交友與臺灣籍祝融夫人相識，孟獲爲愛走天涯到了臺灣，與祝融夫人在臺灣結婚，婚後孟獲雖獲准居留臺灣，但找工作總是碰壁，小倆口過得有點清苦。一日孟獲登上「2222」人才招募網尋求良職，正好看到西蜀直銷公司高薪募集外語行政人員，孟獲於是火速填妥個人資料送件應徵，心裡盤算著若應徵上要請老婆吃大餐慶祝。試問：美國籍的孟獲，可以成爲西蜀直銷公司的員工嗎？

說明解析

直銷公司的員工，通常是屬於在公司內部依僱傭契約或勞動契約而提供勞務工作者，因此在外國人能否成爲臺灣直銷公司員工的問題上，將與直銷制度及直銷法令脫鉤，而涉及外國人能否在臺灣「工作」以及相關法令限制的問題。

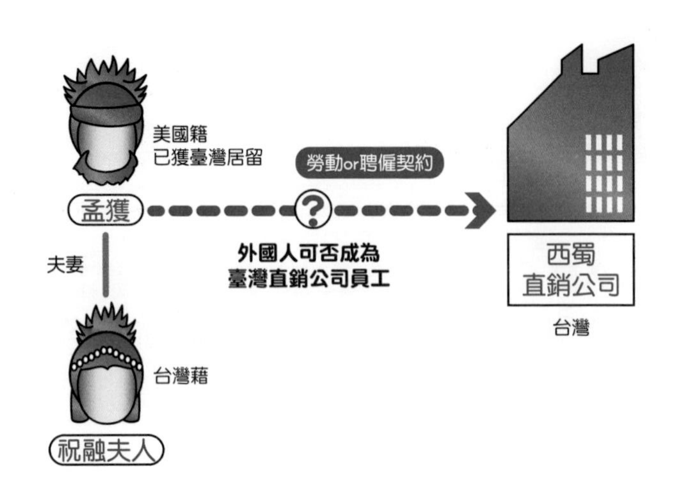

大多數國家爲了避免本國人就業權益、工作機會遭到妨礙，對於外國人在本國工作都是採取嚴格規範的，臺灣也不例外，就業服務法第43條規定：「除本法另有規定外，外國人未經雇主申請許可，不得在中華民國境內工作。」同法第48條第1項前段：「雇主聘僱外國人工作，應檢具有關文件，向中央主管機關申請許可。」及同法第57條第1項第1款：「雇主聘僱外國人不得有下列情事：一、聘僱未經許可、許可失效或他人所申請聘僱之外國人。」除此之外，外國人來臺所從事的工作類型，也應該符合就業服務法第46條第1項、「外國人從事就業服務法第四十六條第一項第一款至第六款工作資格及審查標準」等法令所列工作或其他限制。

因此，外國人於臺灣工作，是要經過重重關卡，原則上要經雇主向中央主管機關勞動部申請工作許可，若未經許可工作，則不僅雇主可能會被課以行政罰鍰、刑事處罰（就業服務法第63條），工作的外國人也會因此被課行政罰鍰及限期命令出國等處分（就業服務法第 68 條）。

但所謂「有原則必有例外」，如果外國人符合就業服務法第 48 條第 1 項但書三個條件之一：1. 各級政府及其所屬學術研究機構聘請外國人擔任顧問或研究工作者；2. 外國人與在中華民國境內設有戶籍之國民結婚，且獲准居留者；3. 受聘僱於公立或經立案之私立大學進行講座、學術研究經教育部認可者，則可不必申請許可即得在臺灣工作；另外，如果外國人屬於獲准居留之難民或取得永久居留者等情況時，則不必透過雇主申請工作許可，自己向勞動部申請即可（就業服務法第 51 條第 1、2 項），但要注意的是，後者這種情況並非不用申請工作許可，只是可以不用透過雇主申請。

總之，外國人如果要在臺灣工作，原則上要申請工作許可，否則就是違法，但在本案例中，因孟獲已經和臺灣設有戶籍之祝融夫人結婚，符合上段所述三個例外之一，故他不必經過申請工作許可，就可以在西蜀直銷公司擔任外語行政人員。

法律小觀點

目前勞動部對於「工作」的定義，認為不論有償或無償，只要有勞務之提供或工作之事實，都算是工作。

Q 陸配，可否成為臺灣直銷公司之員工？

A **陸配若已取得依親居留、長期居留者，則可以。**

範例故事

臺灣人曹植長年在中國大陸河北省工作，因此邂逅了當地姑娘甄宓，曹植爲其痴狂，不久後他們結婚了。正值新婚燕爾之際，曹植因職務關係需調回臺灣，甄宓於是一同與曹植返臺，而在臺灣的甄宓，雖然已經取得依親居留的身分，但人生地不熟，經常在家足不戶出，曹植擔心甄宓會悶出病來，於是求助於開設「北魏直銷公司」的哥哥曹丕，請他幫甄宓找一份職員缺，讓甄宓能早一點適應環境。試問：陸配甄宓，可以成爲臺灣北魏直銷公司之員工嗎？

說明解析

針對臺灣與大陸間的複雜關係，政府訂有「臺灣地區與大陸地區人民關係條例」（下簡稱兩岸人民關係條例），作爲臺灣地區與大陸地區人民間往來，所衍生的法律事件之處理依據。

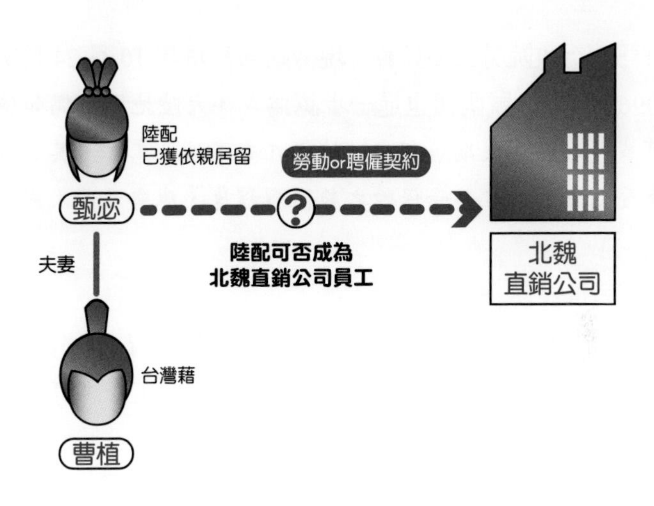

原則上，大陸地區人民如果要在臺灣工作，依據兩岸人民關係條例第 11 條第 1 項：「僱用大陸地區人民在臺灣地區工作，應向主管機關申請許可。」及第 15 條第 3、4、5 款：「下列行爲不得爲之：三、使大陸地區人民在臺灣地區從事未經許可或與許可目的不符之活動。四、僱用或留用大陸地區人民在臺灣地區從事未經許可或與許可範圍不符之工作。五、居間介紹他人爲前款之行爲。」也就是如果大陸地區人民要受聘於直銷公司，仍應向勞動部取得工作許可，否則依照兩岸人民關係條例第 83 條、第 87 條，將有被課予行政罰鍰或刑事處罰的可能。

但是，如果大陸地區人民爲臺灣地區人民配偶，也就是所謂的陸配，其已取得「定居」許可，即「依親居留」或「長期居留」許可；又或是已獲內政部專案許可「長期居留」的大陸地區人民，依據兩岸人民關係條例第 17 條、第 17 條之 1，則可得在臺灣工作，不須工作許可。行政院勞工委員會（現勞動部）96 年 10 月 24 日勞職業字第 0960078458 號函釋也進一步認爲：「大陸地區配偶如依法取得許可或獲准在臺長期居留者，均得在臺灣地區工作，其工作權益依法應受到保障，且其受保障之範圍與程度，應與外國人或外籍配偶相同。」

因此，本案例中陸配甄宓，因已取得「依親居留」身分，可在臺灣的北魏直銷公司工作，而不須再向勞動部申請工作許可。

法律小觀點

1. 陸配如果已獲「定居」許可，通常情況會喪失原籍而為臺灣籍，並得領臺灣身分證，似不再屬於「陸籍」配偶，討論上並無實益，所以本案例討論上是排除陸配獲定居許可的情況。
2. 由於目前臺灣尚未開放大陸地區人民於臺灣工作，所以除了取得「依親居留」或「長期居留」許可者，其餘大陸地區人民入臺，僅能依其簽證目的做主管機關許可的觀光、文化交流等活動，若有工作情事，則將違反兩岸人民關係條例及就業服務法等規定。

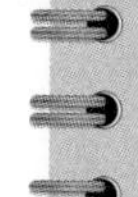

Q 港澳人士，可否成為臺灣直銷公司之員工？

A 應先區分港澳人士身分資格，原則上應取得勞動部工作許可，例外則可不必。

範例故事

住在九龍尖沙咀的馬超，一次在來臺灣旅遊途中，結識了臺南人趙雲，兩人一見如故，結爲好友，馬超也因爲愛上臺灣的環境，而有意長期定居臺灣，當馬超跟趙雲說完定居臺灣想法後，趙雲二話不說的邀請馬超來自己臺南的家 Long Stay，並承諾將會介紹馬超進入他所任職的「西蜀直銷公司」工作，現在公司正好缺一個懂粵語的行政專員，剛好能讓出身香港的馬超發揮才能。試問：馬超能成爲西蜀直銷公司的行政專員嗎？

說明解析

爲了規範及促進臺灣與香港及澳門的經貿、文化及其他關係，臺灣也有專法規範香港、澳門地區人士在臺灣工作的事項，也就是所謂「香港澳門關係條例」（下簡稱港澳關係條例）。

依據港澳關係條例第 4 條定義，港澳人士身分種類分為 3 種：

1.「香港居民」是指具有香港永久居留資格，且沒有持有英國國民（海外）護照或香港護照以外之旅行證照者（第 1 項）。
2.「澳門居民」是指具有澳門永久居留資格，而且沒有持有澳門護照以外之旅行證照，又或是雖然持有葡萄牙護照，但是在葡萄牙結束治理前於澳門取得者（第 2 項）。
3. 香港或澳門居民，在香港或澳門分別於英國及葡萄牙結束其治理前，已經取得華僑身分者，或是其已符合中華民國國籍取得要件的配偶、子女（第 3 項）。

其次，依據港澳關係條例第 13 條第 1 項及「取得華僑身分香港澳門居民聘僱及管理辦法」第 2 條、第 4 條規定，可以知道港澳人士若要於臺灣工作，會有 2 種情況：

1. 為港澳關係條例第 4 條第 1、2 項的港澳人士：此類港澳人士是比照就業服務法關於外國人聘僱、管理及處罰規定，所以就如同 Q14「外國人」的案例說明，原則上仍應該經由雇主向勞動部取得工作許可的；於例外情形，像是與中華民國境內設有戶籍之國民結婚且獲准居留時，則可不經工作許可得逕行工作；或是有永久居留等情況，則可自行向勞動部申請工作許可。
2. 港澳關係條例第 4 條第 3 項的港澳人士：依據「取得華僑身分香港澳門居民聘僱及管理辦法」，應由雇主向勞動部申請工作許可才能工作；如果是經許可居留者，則港澳人士可直接向勞動部申請工作許可，但是並沒有例外不經許可即可工作的規定。

所以在本案例中，馬超如果要在「西蜀直銷公司」擔任行政專員，就要先檢視他的身分情況，再決定應適用的法律規定，由於本案例中，不論馬超是屬於港澳關係條例第 4 條何款身分，他因爲沒有可以逕行工作的例外情況，且也還沒有經許可居留，所以他仍要經由西蜀公司向勞動部申請工作許可才能工作。

身分 比較	香港澳門關係條例第 4 條第 1、2 項的港澳人士	香港澳門關係條例第 4 條第 3 項的港澳人士
工作規範	準用就業服務法第 5 章至第 7 章有關外國人聘僱、管理及處罰規定。	取得華僑身分香港澳門居民聘僱及管理辦法。
工作許可	原則上應經雇主向勞動部申請工作許可。	原則上應經雇主向勞動部申請工作許可。
例外情形	1. 符合就業服務法第 48 條第 1 項但書者，可直接工作。 2. 符合就業服務法第 51 條第 1、2 項者，可直接向勞動部申請工作許可。	經許可居留者，可以直接向勞動部申請工作許可。

法律小觀點

勞動部認為，港澳人士若無港澳關係條例第 4 條的各款身分，則屬於大陸人士來臺工作之情況，詳情可參 Q15 之說明。

Q17

Q 外國人，可否成為臺灣直銷公司之直銷商？

A **勞動部認為直銷商對直銷公司如有勞務之提供，則不可，但依據直銷產業之慣例，直銷商並不需為直銷公司提供勞務，是建議勞動部修正上述意見。**

範例故事

美國籍孟獲與臺灣籍祝融夫人結婚後，雖獲准居留臺灣，但找工作總是碰壁，鄰居諸葛亮知道孟獲的困境後，邀請孟獲參加西蜀直銷公司的產品說明會，並向孟獲介紹西蜀公司的直銷制度及獎金政策，孟獲聽到後頗爲心動，在參加完西蜀公司產品說明會後，也覺得產品是實用且具有吸引力的，於是決定參加成爲西蜀公司的直銷商。試問：美國籍的孟獲，可以成爲西蜀直銷公司之直銷商嗎？

說明解析

外國人能否參加臺灣直銷公司成爲直銷商的問題上，多層次傳銷管理法並未有禁止，而公平會也沒有表示過相關意見。然而，行政院勞工委員會（現勞動部）94 年 9 月 9 日勞職外字第 0940505247

號函釋認為：「外國人為直銷商（參加人）如係對多層次傳銷事業提供勞務給付作為代價，以取得推廣、銷售商品或勞務及介紹他人參加之權利，並因而獲得佣金、獎金或其他經濟利益，應經本會許可始得工作。惟目前本法及外國人從事就業服務法第46條第1項第1款至第6款工作資格及審查標準並未開放此種工作類別，故外國人為直銷商（參加人）在臺從事多層次傳銷工作如有勞務之提供或工作之事實，即涉有本法第43條規定之違反。」依據此函釋，勞動部認為外國人參加成為臺灣直銷公司直銷商，屬於提供勞務或有工作情況，故有就業服務法的適用，但因就業服務法並未開放外國人從事直銷商的工作類別，所以原則上只要直銷商參加成為直銷商，就會涉及違反就業服務法；但是如果有「就業服務法第48條第1項但書」(註1)、「不受同法第46條工作類別限制」(註2)之情事，則可直接參加成為直銷商或是向勞動部申請工作許可後成為直銷商。

就上述勞動部見解，本書認為實有商榷之餘地，因為就業服務法的適用前提，須該外國人與公司（雇主）間有一聘僱關係，且須有勞務提供或工作事實。勞動部認為就業服務法所稱之「工作」需要具備3個要件（行政院勞工委員會89年9月29日（89）台勞職外字第0039743號函釋參照）：

1. 雇主與受僱人間有指揮監督關係存在；
2. 受僱人確為勞務提供；
3. 不以有償為限。

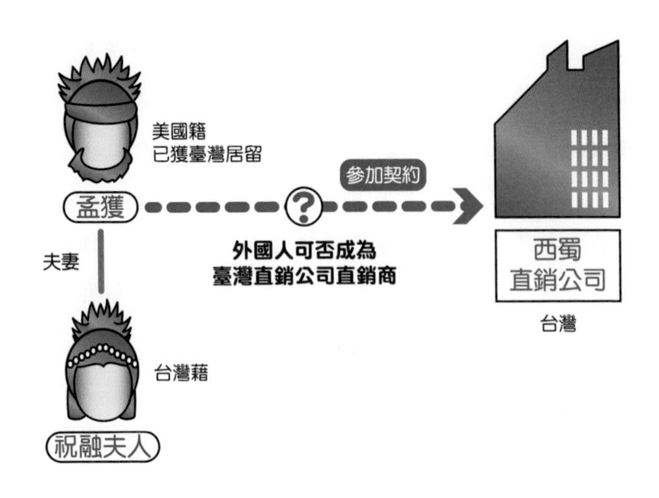

但是依照實務及學理通說見解，直銷商是屬於獨立經濟體，具有人格上、經濟上獨立性，不受直銷公司指揮監督，換句話說，直銷商與直銷公司並不具備聘僱關係，也沒有勞務提供或工作的情況，如果外國人成爲直銷商，自然也就沒有就業服務法的適用問題，因此勞動部此一見解實屬過時，也不符直銷慣例，更與目前實務通說有悖，在學理上實值商榷。

本案例中，美國籍孟獲是否能成爲西蜀直銷公司直銷商，雖有上述爭議，但因爲孟獲已與臺灣籍祝融夫人結婚，且已獲得居留權，縱使依據勞動部見解孟獲有就業服務法之適用，但依據就業服務法第 48 條第 1 項但書規定，屬於例外不須經許可即可工作之情況，孟獲成爲西蜀公司之直銷商應該沒有問題。

法律小觀點

雖然外國人成為直銷商可能沒有就業服務法的適用問題（如本案例之情況），但仍應該注意成為直銷商是否與該外國人來臺灣的簽證、居留原因目的相違背，而另外衍生其他法規（如：入出國及移民法）的違反。

（註 1）就業服務法第 48 第 1 項：「雇主聘僱外國人工作，應檢具有關文件，向中央主管機關申請許可。但有下列情形之一，不須申請許可：
一、各級政府及其所屬學術研究機構聘請外國人擔任顧問或研究工作者。
二、外國人與在中華民國境內設有戶籍之國民結婚，且獲准居留者。
三、受聘僱於公立或經立案之私立大學進行講座、學術研究經教育部認可者。」

（註 2）不受就業服務法第 46 條限制，指同法第 50 條、第 51 條第 1 項之情況。

Q 陸配，可否成為臺灣直銷公司之直銷商？

A **陸配若已取得依親居留、長期居留許可，則可以成為直銷商。**

範例故事

陸配貂蟬在臺灣落地生根多年，雖然已獲長期居留許可，但卻礙於陸配身分，只能在菜市場做做小生意，某日貂蟬參加「在臺陸配聯誼會」，巧遇同學甄宓，甄宓告訴貂蟬她現在任職於北魏直銷公司，並向貂蟬介紹北魏公司之直銷組織以及公司豐厚的獎金與佣金制度，貂蟬十分心動，於是向甄宓索取加入成爲直銷商的文件，想要回家跟老公呂布好好討論一下。試問：陸配貂蟬，可以成爲北魏直銷公司之直銷商嗎？

說明解析

依據臺灣地區與大陸地區人民關係條例（下簡稱兩岸人民關係條例）第 17 條，目前陸配申請來臺，區分為團聚、依親居留、長期居留、定居 4 個階段身分，陸配先依據「大陸地區人民進入臺灣地區許可辦法」等法令規定，申請進入臺灣團聚後，可於辦妥相關手

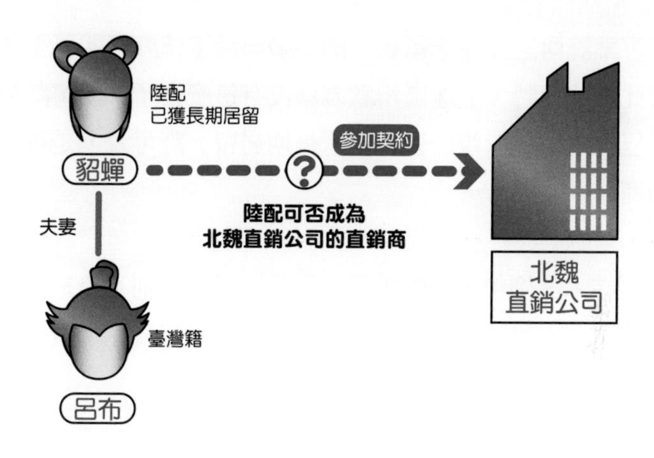

續後申請依親居留，後續再依居留年限多寡及其他條件申請長期居留、定居。

另外，因兩岸人民關係條例第11條也規定：「僱用大陸地區人民在臺灣地區工作，應向主管機關申請許可。」所以陸配是否能成爲直銷商，仍有可能會落入Q17勞動部函釋認定外國籍之直銷商屬於在直銷公司「工作」，而有就業服務法的適用與違反之討論當中。本書認爲，即便是陸配成為直銷商，陸配也非屬於受直銷公司聘僱或是服勞務等「工作」的情況，因此無就業服務法適用餘地；甚而，依據行政院勞工委員會（現勞動部）90年1月1日台（89）勞職外字第0056205號函釋意旨（註），如果在未有聘僱行爲下，陸配同樣沒有兩岸人民關係條例有關「工作」規定的適用空間。

但是，由於兩岸人民關係條例第17條之1又規範：陸配若已取得「定居」許可，即「依親居留」或「長期居留」許可，又或是獲內政部專案許可之長期居留者，則不須申請工作許可即可工作，所以面對此種狀況時，上述區辨意義就沒有這麼大了，換句話說，陸配如果已經取得「依親居留」或「長期居留」許可者，是可直接成爲直銷商的。

因此，在本案例中，貂蟬因已取得長期居留，則不論是否有就業服務法或兩岸人民關係條例適用問題，都可以成爲北魏直銷公司的直銷商。

法律小觀點

1. 陸配如果已獲「定居」許可，通常情況會喪失原籍而成為臺灣籍，並得領臺灣身分證，似不再屬於「陸籍」配偶，討論上並無實益，所以本案例討論上是排除陸配獲定居許可的情況。
2. 陸配如果是申請「團聚」來臺，卻未申請依親居留，而要參加為直銷商時，本書也基於直銷商與直銷公司間並無聘僱關係，認為無須考量就業服務法或兩岸人民關係條例有關「工作」相關規定的適用問題；但應注意的是，可能會涉及「從事與許可目的不符之活動或工作」的規定，而遭相關法規令強制出境或裁罰之可能。

（註） 該函意旨：「大陸地區人民依就業服務法第68、42條及臺灣地區與大陸地區人民關係條例第17條規定，經主管機關許可，得受聘僱於在臺灣地區工作。惟自設網站提供婚姻仲介服務，係屬自營作業，未有聘僱行爲，即不適用就業服務法及臺灣地區與大陸地區人民關係條例之規定。」

Q 港澳人士，可否成為臺灣直銷公司之直銷商？

A **依據勞動部見解判斷，應先視港澳人士身分，原則上不能成為直銷商，例外則可；但本書認為，依直銷產業慣例，應可讓港澳人士成為臺灣直銷公司之直銷商。**

範例故事

趙雲是澳門人，平時與同在澳門飯店任職的同事臺灣人黃忠感情最好。一日，黃忠突然告訴趙雲他要離職回臺灣了，並告訴趙雲，他有一個親戚是臺灣西蜀直銷公司的直銷商，月入 50 萬以上，因此黃忠想要加入，並邀趙雲一起來，趙雲心動了，但是又不知道他可不可以到臺灣當直銷商。試問：澳門人趙雲可以成爲臺灣西蜀直銷公司之直銷商嗎？

說明解析

不論是香港澳門關係條例（下簡稱港澳關係條例）、取得華僑身分香港澳門居民聘僱及管理辦法，還是多層次傳銷管理法令等法規，對於港澳關係條例第 4 條定義的 3 種港澳人士並無限制其不得爲直銷商之規定。另外，直銷商與直銷公司間的參加契約關係，並非屬於聘僱契約、勞動契約關係，也就是直銷商並不是受直銷公司聘僱為其服勞務、而受其指揮監督之態様，而與港澳關係條例等法令所規範港澳人士在臺灣「受聘僱」而「工作」的文義不符，因此，港澳人士成爲直銷商似乎沒有 Q16 所討論之港澳關係條例等法令對於來臺「工作」之限制。

但在 Q17 中，行政院勞工委員會（現勞動部）94 年 9 月 9 日勞職外字第 0940505247 號函釋認爲：外國人參加成爲臺灣直銷公司的直銷商，若屬於提供勞務或工作情況，因此仍有就業服務法的適用，但因就業服務法並未開放外國人從事直銷商的工作類別，故原則上只要直銷商參加成爲直銷商，就會涉及就業服務法的違反。雖然此函釋是針對「外國人」，但由於港澳關係條例有關港澳人士在臺工作事宜均是由勞動部作爲主管機關，且港澳關係條例第 13 條也規定：「香港或澳門居民受聘僱在臺灣地區工作，準用就業服務法第五章至第七章有關外國人聘僱、管理及處罰之規定。」另勞動部也沒有做出進一步解釋，是判斷上勞動部對於港澳人士成爲直銷商一事，應會與外國人同視，採同一見解。

若依據上述勞動部的函釋，港澳人士要成爲直銷商，則會回歸 Q16，區分成 2 種情況：

1. 為港澳關係條例第 4 條第 1、2 項的港澳人士：此類港澳人士是準用就業服務法關於外國人聘僱、管理及處罰規定，故原則上只要港澳人士參加成爲直銷商，即會因現尚未開放外國人從事直銷商的工作類別，而涉及就業服務法的違反；除非符合例外要件，如不須經許可即可工作（就業服務法第 48 條第 1 項但書）、排除第 46 條第 1 項工作類別的限制（就業服務法第 50 條、第 51 條第 1 項），則可直接參加成爲直銷商或是向勞動部申請工作許可後成爲直銷商。

2. 為港澳關係條例第 4 條第 3 項的港澳人士：依據「取得華僑身分香港澳門居民聘僱及管理辦法」第 5 條，排除就業服務法第 46 條第 1 項工作類別的限制，而無勞動部函釋所稱「尚未開放外國人從事直銷商的工作類別」情況，因此是可以成爲直銷商的，方式則是經由雇主向勞動部申請工作許可，或是獲准居留後自行申請。

如同 Q17 說明，本書在此，仍要重申勞動部函釋已不合時宜，且忽略實務及學理通說共認的「直銷商是屬於獨立經濟體，具有人格上、經濟上獨立性，不受直銷公司指揮監督」見解，有加以改變的必要。依本書見解，本案例中的港澳人士趙雲，應可成爲直銷公司的直銷商，而不應受港澳關係條例、就業服務法、「取得華僑身分香港澳門居民聘僱及管理辦法」等法令有關港澳人士「工作」規定的限制。

PART3

直銷公司與直銷商之權利義務

Q 直銷公司或直銷商可以促使其他直銷商購買無法在短期內銷售完畢的商品數量嗎？

A 不可以。

範例故事

周瑜是東吳直銷公司的直銷商，他發現自己本月的銷售額只差一點，就能晉升為主任並領取組織獎金，此時，恰巧下線黃蓋來訪，周瑜便向黃蓋表示：「你現在每個月的訂貨量太少了，你應該要買比平常銷售額多二倍的商品數量，這樣才能督促自己積極的銷售。」黃蓋被這番話激勵後，每個月的訂貨量都比以往高出二倍；但黃蓋的售貨能力畢竟還未成熟，導致他的住處堆滿了各種尚未賣出的商品。試問：周瑜明知黃蓋的售貨能力還未達火侯，卻遊說他購買比平常多二倍的商品數量，是否合法？

說明解析

有鑑於直銷的銷售特性容易成為有心人士的詐財工具，「多層次傳銷管理法」特別將實務上常見的不當行為類型予以明文化，除了可便於大眾區分是否違法外，亦可提升主管機關管理上的效能。該

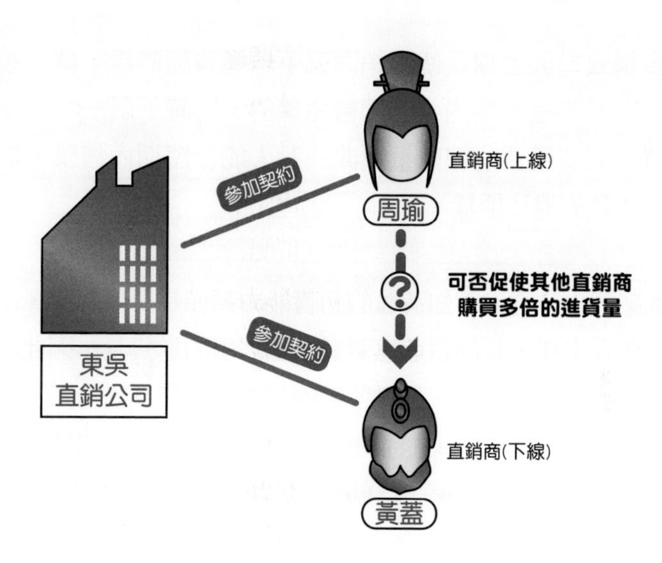

禁止規定明訂於多層次傳銷管理法第 19 條第 1 項，要求直銷公司不得有 6 種不當行爲，其中一種規定於第 3 款：「促使傳銷商購買顯非一般人能於短期內售罄之商品數量。但約定於商品轉售後支付貨款者，不在此限。」而依照同條第 2 項的規定，這個禁止規定也規定直銷商不得為之。

多層次傳銷管理法第 19 條第 1 項第 3 款的規定，其實就是爲了解決實務上經常發生的囤貨問題。當直銷商買進的商品越多，等於也增加了直銷公司與上線的業績，因此直銷公司或上線希望直銷商或下線增加訂貨量的想法乃人之常情。但直銷公司與上線是否違反禁止囤貨的規定，必須從兩點加以檢視：

1. 必須有「促使」的行為，「促使」從文義上解釋，是指推動達成一定目的的行爲，因此這個行爲不一定都是積極的行爲。

2. 直銷公司與上線促使直銷商或下線購買的數量，就一般人來說顯然不是短期內可以銷售完畢的。同時不限一次或多次購買，只要購買的總數量顯非一般人能於短期內售罄，都屬於第 3 款的違法態樣。

在本案例中，周瑜明知黃蓋的銷售能力還僅是一般水準，卻爲了能儘快晉升主任，以話語慫恿黃蓋增加二倍的進貨量，因此周瑜的行爲已經屬於「促使」。另從黃蓋的住處堆滿貨品的情形，可知黃蓋進貨的數量已非一般人能於短期內銷售完畢。因此周瑜的行爲已違反多層次傳銷管理法第 19 條第 1 項第 3 款，禁止囤貨的規定。

法律小觀點

實務上直銷公司經常會舉辦各種競賽，此時，若直銷公司在競賽中鼓勵直銷商購買的商品數量並非一般人能在短時間內售罄，就很容易被認定是促使直銷商囤貨之行為。

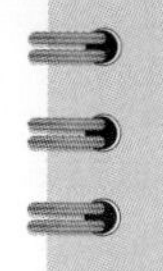

Q 直銷公司或直銷商可以促使其他直銷商擁有二個以上的直銷權嗎？

A 若直銷公司的制度允許，且以正當的方式促使，則可以。

範例故事

周瑜是東吳直銷公司的直銷商，由於東吳公司的組織制度允許一個直銷商可以擁有二個以上的直銷權，因此周瑜多次希望下線黃蓋能再申請第二個直銷權，以增加自己的組織獎金。但要擁有一個直銷權至少要購買 5 萬元的產品，因此黃蓋躊躇不前，周瑜乃以極盡誇大、哄騙利益的話術，讓黃蓋再向東吳公司申請第二個直銷權。試問：周瑜可以用哄騙的方式促使黃蓋擁有第二個直銷權嗎？

說明解析

依照多層次傳銷管理法第 19 條第 1 項第 5 款的規定，傳銷事業不得以不當的方式促使傳銷商購買或使其擁有二個以上推廣多層級組織的權利；依照同條第 2 項的規定，直銷商也不得有這項行為。

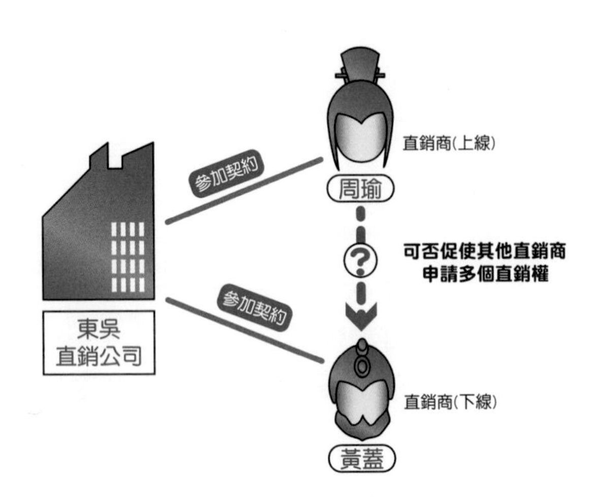

從上開條文可知，臺灣的多層次傳銷法令並沒有限制直銷商擁有直銷權的數量，但這並不代表直銷商就可以無限制的向直銷公司購買或申請直銷權，還必須視直銷商所屬的直銷公司，其組織制度是否允許直銷商購買或擁有二個以上的直銷權。

如果直銷公司的組織制度允許直銷商可以擁有二個以上的直銷權，則直銷公司或直銷商雖然可以促使其他直銷商購買或擁有二個以上直銷權，但不得使用不當的手段，否則即會觸犯多層次傳銷管理法第 19 條第 1 項第 5 款的規定。而如果直銷公司僅允許直銷商擁有一個直銷權，直銷公司或上線就不能用任何方式，促使下線購買二個以上的直銷權。實務上常見直銷公司僅允許直銷商擁有一個直銷權，但上線爲了規避公司規定而要求下線使用人頭申請新的直銷權，此種行爲不但違法，更可能違反直銷公司的規定而受到直銷公司的懲處。

本案例中，東吳直銷公司的組織制度允許一個直銷商可以擁有二個以上的直銷權，因此周瑜可以想辦法促使黃蓋申請第二個直銷權，但不得使用不當的方式，所以周瑜的行爲違反了多層次傳銷管理法第 19 條第 1 項第 5 款的規定。

法律小觀點

多層次傳銷管理法第 19 條將實務上常見的不當行為予以條文明訂，並要求直銷公司不得為之。除了 Q20 及本問題介紹的第 3、5 款規定外，尚有其他 4 種禁止行為：

1. 以訓練、講習、聯誼、開會、晉階或其他名義，要求傳銷商繳納與成本顯不相當之費用。（第 1 款）
2. 要求傳銷商繳納顯屬不當之保證金、違約金或其他費用。（第 2 款）
3. 以違背其傳銷計畫或組織之方式，對特定人給予優惠待遇，致減損其他傳銷商之利益。（第 4 款）
4. 其他要求傳銷商負擔顯失公平之義務。（第 6 款）

多層次傳銷管理法第 19 條禁止直銷公司的 6 種行為中，除了該條文第 4 款的規定僅規範直銷公司外，直銷商亦不得為之。

Q 直銷商在街上找我攀談，強要我購買產品，我可以向直銷公司檢舉直銷商嗎？

A 可以，因為直銷商不當的訪問買賣行為，屬法定違約事由。

範例故事

周瑜是東吳直銷公司的直銷商，一日在街頭做陌生開發時遇到路人劉璋，便邀請劉璋到一旁試用產品。劉璋試用後雖覺得產品不錯，但並沒有購買意願，誰知周瑜竟擋住劉璋的去路，笑臉迎人的表示東吳公司的產品非常好用，強烈希望劉璋能帶份產品回去使用，無法離開的劉璋只好掏錢購買。試問：周瑜擋住劉璋去路，強求劉璋購買產品的行爲，劉璋可以向東吳直銷公司檢舉嗎？

說明解析

多層次傳銷管理法第 15 條規定，直銷公司必須將下列 5 款事項列爲直銷商的違約事由，並訂定有效制止措施，且不限於事前事後，直銷公司皆須確實執行：

1. 直銷商以欺罔或引人錯誤之方式推廣、銷售商品或服務及介

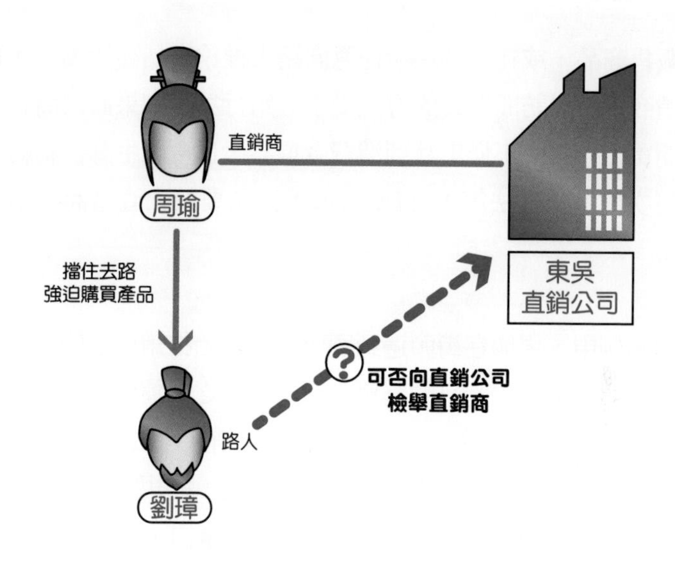

紹他人參加直銷組織。

2. 直銷商假借直銷公司名義向他人募集資金。
3. 直銷商以違背公共秩序或善良風俗之方式從事直銷活動。
4. 直銷商以不當之直接訪問買賣影響消費者權益。
5. 直銷商違反臺灣多層次傳銷管理法、刑法或其他法規之直銷活動。

如果直銷商違反第 15 條任一款行爲，就會因直銷公司已經將該行爲列爲直銷商與直銷公司之間的違約事項，而可以要求直銷商依契約內容負擔違約責任，同時直銷商可能尚需負擔其他民事或刑事法律責任。關於第 15 條第 4 款所指的「訪問買賣」，依消費者保護法第 2 條第 11 款定義，是指企業經營者未經邀約而在消費者之住居所或其他場所從事銷售，而發生的買賣行爲。例如：推銷員到家裡販售商品，或在公共場所任意向路人推銷商品等皆屬之。實務上直銷商經常以訪問買賣的方式從事直銷行爲，如果直銷商有不當的訪問買賣行爲，不僅影響到消費者權益，也會產生許多糾紛，因此多層次傳銷管理法第 15 條明訂直銷公司要禁止直銷商有第 4 款的行爲。

在本案例中，周瑜在街頭遇到劉璋後便開始推銷產品的行爲，已屬於消費者保護法中的訪問買賣。同時周瑜之後擋住劉璋去路，強求劉璋購買產品的行爲，已構成多層次傳銷管理法第 15 條中「直銷商以不當之直接訪問買賣影響消費者權益」的規定。由於直銷公司依法須將第 15 條內容訂爲直銷商的違約事由，所以劉璋可以向東吳直銷公司檢舉周瑜，並請東吳公司確認周瑜的違約責任。

法律小觀點

多層次傳銷管理法中有許多條文是在規範直銷商的直銷行為，屬於主管機關（公平會）的行政管理範疇，因此經由多層次傳銷管理法第 15 條的規定，可以強制要求直銷公司，必須積極處理直銷商的違反行為，共同杜絕不當直銷行為的發生。

Q 可以同時做兩家直銷公司的直銷商嗎？

A **原則上要先看原直銷公司的營業守則有無禁止條款。**

範例故事

魯肅爲東吳直銷公司的直銷商，但他覺得東吳公司的產品不好賣，因此業績一直都普普通通，進而萌生同時加入西蜀直銷公司的念頭。試問：魯肅能兼做第二家直銷公司的直銷商嗎？

說明解析

直銷公司限制直銷商不得同時間成爲其他公司直銷商的理由不一而足，有的爲了保護自家公司的商業機密；有的爲了確保直銷商之忠實義務、努力發展自家的組織；有的則可能是爲了避免直銷商利用公司的組織人脈銷售其他直銷公司的產品。而直銷公司透過參加契約或營業守則，訂定直銷商不得同時做兩家直銷的條款，即所謂「競業禁止條款」。

因民法或直銷相關法律皆未提到競業禁止條款之效力，因此競業禁止條款是否有效，歷來都有所爭議。不過，公平會對此問題曾於

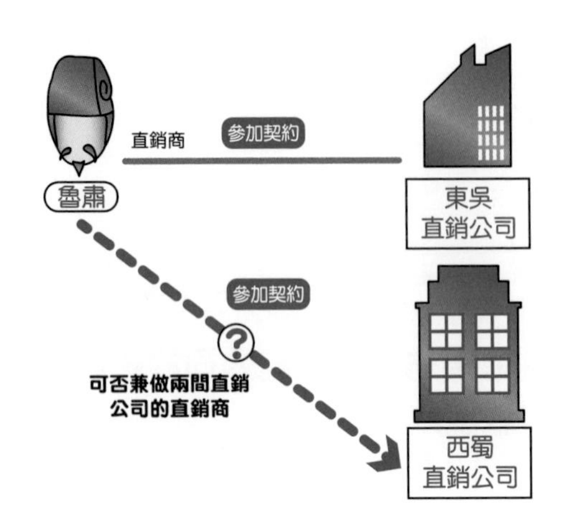

88 年 9 月 9 日做出（88）公參字第 8801433-001 號之行政函釋認為，基於契約自由，直銷公司與直銷商訂定競業禁止條款並不當然違法，但有以下要件需要遵守：

1. 公司應盡告知義務，且必須以書面約定。
2. 須明訂違反競業禁止條款之效果，不得援引契約中概括性授權條款於事後增訂違反效果，損及直銷商權益。
3. 須不影響市場競爭及考量直銷商之競業將造成傳銷事業實質損害之條件。

歷經數年的法院判決實務發展，公平會的解釋被予以維持，故競業禁止條款在符合一定的條件下，是會被認爲有效的。因此，本案例中，魯肅能否在具東吳直銷商身分的情況下，另外加入西蜀直銷公司作直銷，將視東吳公司營業守則或參加契約中是否訂有競業禁止條款；倘若沒有，則魯肅可以兼做第二家直銷商；倘若有，而且直銷公司訂定的競業禁止條款也有符合公平會函釋內所述的三個要件，則魯肅就不能同時兼做第二家直銷商，否則將會導致違約。

Q 直銷公司限制我不能做任何其他公司的直銷商，這樣的競業禁止條款有效嗎？

A 很可能無效。

範例故事

東吳直銷公司的直銷商魯肅加入西蜀直銷公司後，因一心多用，導致在東吳公司的業績下滑，東吳公司的主管周瑜察覺有異，打聽後發現魯肅也加入了西蜀公司，並販售該公司自行研發的羽扇綸巾。據東吳公司營業守則規定：「直銷商不得從事任何其他直銷公司之業務行爲，違者公司有權終止契約。」周瑜建議公司開除魯肅的直銷商資格。試問：上述東吳直銷公司的競業禁止條款是否有效？

說明解析

承 Q23 所述，依據公平會於 88 年 9 月 9 日做出的公參字第 8801433-001 號行政函釋，競業禁止條款若要合法有效，共 3 個要件需要遵守，其中第 3 個要件爲「須不影響市場競爭及考量直銷商之競業將造成傳銷事業實質損害之條件」。針對這個要件，後來有

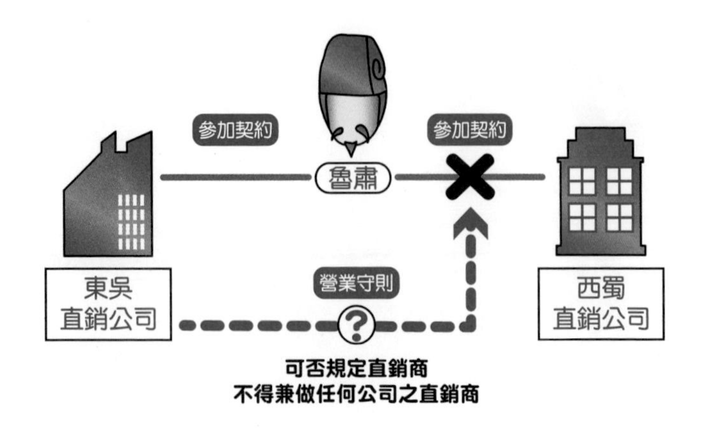

法院判決提出較為具體、可以操作的標準，如臺灣高等法院臺中分院 99 年上字第 407 號民事判決提到，競業禁止條款還需符合下述兩個條件才會合法有效：

1. 合理地限制競業範圍，不得超過必要限度。
2. 對受限制人應給予一定的補償（例如：給予獎金）。

不過，要如何規定才不會「超過必要限度」呢？在這個判決內，法院提到的概念是，如果競業禁止條款是約定「公司之『一定獎銜』之參加人，不得於參加期間進行業務推廣時，於公司或其個人體系內，推銷『非公司所提供或同樣之商品』」，則該約定被認為仍在必要限度之內。換句話說，競業禁止條款要合法有效，首先需限制「一定獎銜」之直銷商，因一般直銷商不會得知公司商業機密或沒有其個人體系可運用，故無限制的必要。再者，限制範圍也僅限於「同樣商品或服務範圍」，因為不同業務範圍的兩家公司並不會有競業的問題，也就不需要約定競業禁止條款。

本案例中東吳直銷公司營業守則規定：「直銷商不得從事任何其他直銷公司之業務行爲，違者公司有權終止契約。」限制範圍過廣，連可能不具競業關係者都納入禁止範圍，此競業禁止條款很可能會被法院認定爲無效。

法律小觀點

競業禁止的核心精神在於限制有「競爭關係」之二者間的競爭，故若競業禁止條款限制「契約之一方不得任職於無競爭關係之他方」，這樣的條款很可能會被認為是逾越必要範圍而無效。

Q **直銷公司規定直銷商在參加契約終止後 1 年內都不得加入其他直銷公司，此限制有效嗎？**

A **原則上無效。**

範例故事

東吳直銷公司的直銷商魯肅，覺得產品非常難賣所以索性直接退出東吳公司，再另外加入業務性質相同、但產品熱銷的西蜀直銷公司，成爲西蜀公司的直銷商。魯肅心想這樣做，不會被批評兼做第二家直銷公司，殊不知，東吳公司的營業守則卻有這樣一條規定：「直銷商於終止參加契約後 1 年內，不得加入同性質的其他公司的直銷商，違者應賠償東吳直銷公司 1 萬兩違約金」。試問：上述東吳直銷公司的規定是否有效？

說明解析

契約關係結束之後，還要限制一方不能從事某些工作，是對憲法第 15 條保障人民享有工作權的一大限制，所以必須從嚴規範。對此，我國法律實務上已發展出一套判斷標準，這套標準包括下列 4

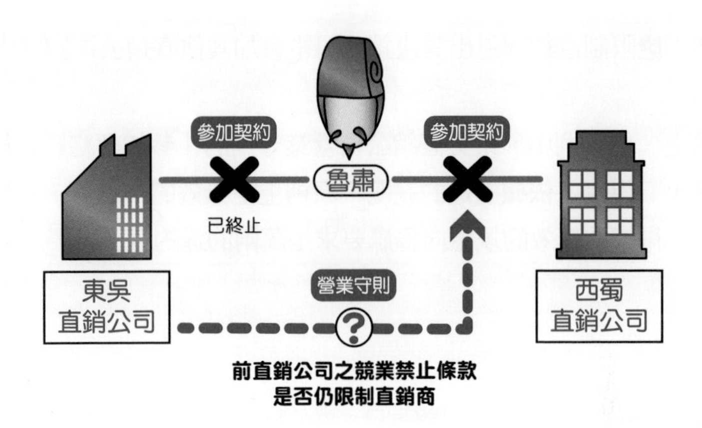

大重點：

1. 限制的人有應受保護的正當營業利益。
2. 被限制的人之所以被限制，是因爲契約存續期間能接觸或使用限制人之營業秘密。
3. 限制之期間、區域、職業活動之範圍及就業對象，未逾合理範疇。
4. 限制者對被限制者因不從事競業行爲所受損失有合理補償，且限制時間不得過長。

我國法院在判斷直銷公司訂定的競業禁止條款是否有效時，原則上是會援引上述這些標準作爲判斷依據，不過，公平會向來卻採取更嚴格的標準，依據公平會 88 年 9 月 9 日（88）公參字第 8801433-001 號行政函釋，公平會認為，因直銷商對於直銷公司營業機密的控管與了解程度，實在無法與公司內部員工相提並論，所以沒有禁止直銷商在「終止參加契約」後競業的必要。所以，直銷公司不應限制直銷商退出其直銷公司後參加其他直銷公司的自由。

綜上，本案例中，東吳直銷公司營業守則的「參加契約終止後競業禁止」規定，依據上述的說明，原則上是無效的，因此，東吳公司也不得據此無效的規定向魯肅要求 1 萬兩的違約金。

法律小觀點

1. 憲法保障人民工作權，規定在憲法第 15 條：「人民之生存權、工作權及財產權，應予保障。」
2. 縱使競業禁止條款皆為有效，關於違約金的部分，金額也不是由當事人隨意喊價，倘案件進入法院，法院仍能據民法第 252 條：「約定之違約金額過高者，法院得減至相當之數額。」依職權予以酌減。

Q 直銷公司有競業禁止條款，還可以挖角別家公司的直銷商來兼作自己公司的直銷商嗎？

A 原則上可以，但直銷公司未來應不得主張挖角來的直銷商違反競業禁止條款。

範例故事

北魏直銷公司邀約東吳直銷公司高階直銷商呂布，兼作北魏公司的直銷商，期望能藉由呂布的人脈與經驗，替公司的業績帶來大幅度的成長。呂布回絕了北魏公司的邀請，理由是北魏公司的營業守則訂有競業禁止條款，他若接受兼作北魏公司的直銷商，豈不馬上就要違反規定？北魏公司則表示，要不要處罰直銷商是公司的權利，公司可以向他保證，未來不會用競業禁止條款爲難呂布。試問：北魏公司在營業守則定有競業禁止條款的情況下，可以挖角呂布來兼作北魏公司的直銷商嗎？

說明解析

契約當事人是否要主張其依據契約所得主張的權利，除非法律另有規定，原則上爲契約當事人的自由。所謂法律另有規定，舉例而言，多層次傳銷管理法第 15 條規定直銷公司必需要將某些直銷商

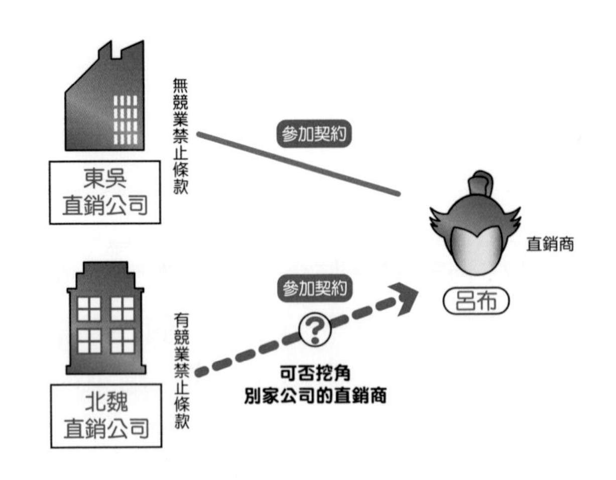

的行爲規定屬違約事項（詳見 Q22），且直銷公司必須有效處理直銷商這些違約行爲，此時，直銷公司對於本條規定的事項，即不能主張要不要處理違約的直銷商是公司的自由，因爲直銷公司有處理的義務。相對的，競業禁止並不是上述多層次傳銷管理法明訂直銷公司必須處理的事項，因此公司是否要依據營業守則或參加契約的約定，懲處違約的直銷商，即屬直銷公司可以自由決定的事項。

若直銷公司在訂有競業禁止條款的情形下，仍要挖角別家直銷公司的直銷商來兼作自己公司的直銷商，則未來不可再主張該直銷商違反營業守則或參加契約。畢竟，讓直銷商違約的原因是來自於直銷公司自己的挖角行爲，公司於挖角時當然也明白此事，若公司之後還主張自己挖角來的直銷商違約，恐怕已屬濫用權利的行為，此即民法第 148 條第 2 項所規定的：「行使權利，履行義務，應依誠實及信用方法。」

本案例情形，北魏直銷公司固然可以挖角呂布來兼作北魏公司的直銷商，但北魏公司未來即不得以雙方有競業禁止條款的約定為由，主張呂布違約。

法律小觀點

事實上，在訴訟中主張民法第 148 條並不容易被法院接受，因此，直銷商若遇到訂有競業禁止條款的直銷公司來挖角，希望能兼作他們家的直銷商時，本書建議直銷商應拒絕，或要求對方將「未來不會主張直銷商違反競業禁止條款」白紙黑字寫下來，以維護自己的權利。

Q 退出直銷公司後可以把組織帶到另一家直銷公司嗎？

A 直銷商不能這麼做。

範例故事

東吳直銷公司的直銷商魯肅雖在Q25的民事訴訟中勝訴，不用因無效的競業禁止條款而賠償東吳公司違約金，但他對東吳公司懷恨在心，而想要慫恿他在東吳公司的直銷商團隊一起前往西蜀直銷公司，讓東吳公司短少一大筆銷售額，以作為報復。試問：魯肅可以在契約終止後慫恿他所帶領的直銷商跟他一起去西蜀直銷公司嗎？

說明解析

一般而言，契約終止後，雙方當事人原則上即不再受契約條款拘束，除非契約對於契約終止後當事人間權利義務的關係已早有安排，如Q25的契約終止後競業禁止條款（雖然該條款最後是無效的）；然而，在沒有另外透過契約約定的情形下，是否意味著契約

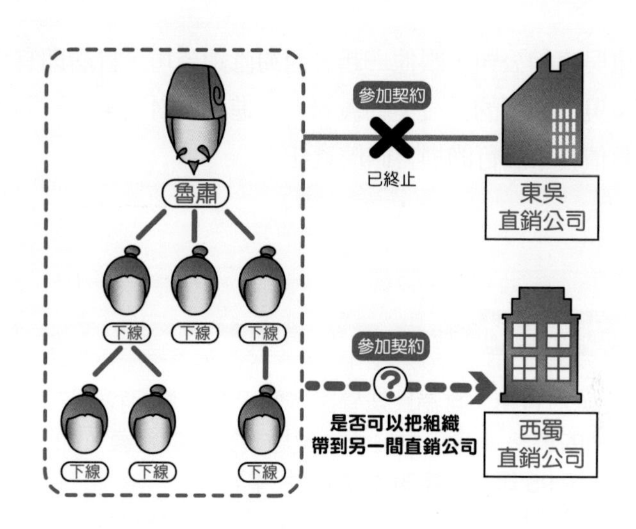

當事人在終止契約後，即可爲所欲爲，例如公布對方的秘密，或是像魯肅一樣，慫恿他所領導的直銷商跟他去別間直銷公司呢？

對於這種情形，可以透過民法學說上所謂的「後契約義務」來處理。民法學說上所稱的「後契約義務」，指在契約關係消滅後，為了維護相對人人身及財產上的利益，當事人間所負的某種作為或不作為的義務，例如受僱人離職後得請求雇主開具服務證明書、受僱人離職後不得洩漏任職期間獲知之營業秘密等，皆是脫離契約而獨立的，不以契約存在爲前提。若違反此項義務，即構成契約終止後之過失責任，應依債務不履行的規定，負損害賠償責任，此責任與當事人間就契約本身所應該負擔的原給付義務不完全相同。

因此，本案例中的魯肅若於終止契約後，慫恿他所帶領的直銷組織離開東吳直銷公司，跟他一起去西蜀直銷公司，魯肅即有可能違反他與東吳公司間的「後契約義務」，進而要對東吳公司因此損失的利潤負債務不履行的損害賠償責任。

法律小觀點

1.「後契約義務」雖為民法學說，但已有逐漸被我國法院實務採納的趨勢，前文對於「後契約義務」的定義，即摘自最高法院 95 年台上字第 1076 號民事判決。
2. 魯肅除了可能因違反「後契約義務」而須負債務不履行的損害賠償責任之外，因為他是故意為造成東吳公司的損失而慫恿直銷商離開，因此魯肅同時也有可能構成民法第 184 條第 1 項後段「故意以背於善良風俗之方法，加損害於他人者亦同」，而須付侵權行為的損害賠償責任。

Q 直銷公司應該開放直銷商進行網路銷售嗎？

A 依據產品服務性質及公司政策方向而定。

範例故事

北魏直銷公司以網路雲端服務為商品，在網路上大力宣傳，鼓勵直銷商多多促使消費者試用網路雲端服務，並同意直銷商可以在網路上販售網路雲端服務。東吳直銷公司則是以化妝品、保養品為商品，但網路上多有 8 折、9 折不同的銷售價格，導致公司新進的美女直銷商大喬、小喬紛紛表示吃不消，翻閱公司營業守則，才發現公司是禁止網路銷售的，故而向公司檢舉。試問：直銷公司應該開放直銷商進行網路銷售嗎？

說明解析

直銷公司販售產品百百種，部分直銷產品或服務性質本身就涉及網路，譬如公司產品為提供網路雲端服務、設置網路商城服務、遊戲加值服務等，由於這類直銷產品或服務，消費者本身必須於網路上體驗，故這類直銷公司對於網路的接受度較高；部分直銷公司之產品或服務為實體商品，譬如家具、廚具、化妝品或保健食品等，這類商品或服務，消費者必須透過人體感官或身體實際體驗，故這類直銷公司對於網路的接受度較低。必須先了解的是，直銷商品或服務的特性不同，勢將導致不同直銷公司對於網路接受度高低不同。

由於網路的虛擬性，打破地理、時空限制，再加上各式比價軟體的推出，導致網路市場有價格透明化及完全比較的特性，價格更容易成爲網路消費者的著眼重點。實務上曾發生，因爲直銷商有階級高低的不同區別，高階直銷商享有較低訂貨成本、較高的佣金獎金收入，高階直銷商如果以上述優勢，於網路上以較低的價格販售，則將導致新進直銷商永遠拚不贏高階直銷商所進行的價格戰，這種價格戰的問題，透過網路的發達，可能加劇新進直銷商陷入更不公平的競爭環境，這有可能構成部分直銷公司限制直銷商網路銷售的主要理由。

由於直銷產品或服務涉及網路程度不同，本就會涉及各別直銷公司對於網路銷售容許度不同對待之差別，所以直銷公司應能就公司的政策方向，自主決定是否允許、或是否限制直銷商進行網路銷售，這等約定事項，當然直銷商也有 Say NO 的權利，拒絕加入不屬意的直銷公司。

本案例中，北魏直銷公司可以允許直銷商進行網路銷售，東吳直銷公司可以禁止直銷商進行網路銷售，這皆屬直銷公司自主決定事項。

Q 直銷公司可否訂定直銷商不得網路銷售條款？

A **原則上這是公司的自治事項，在直銷公司與直銷商間有效；但限制條款如果形成不公平競爭，則會被公平會處罰。**

範例故事

魯肅是東吳直銷公司新進的直銷商，他了解網路科技是時代的趨勢，遂在網路上推廣銷售公司產品，進而成爲江東首富。張紘爲東吳公司的創始元老直銷商之一，認爲直銷就是採取人對人、面對面的銷售方式，網路銷售已經打破了這樣的原則，應禁止以網路方式進行。張紘翻找出東吳公司的營業守則《東吳直銷謀略》：「直銷商不得進行網路銷售」，一狀告向公司。試問：東吳直銷公司禁止網路銷售之規定是否合法？

說明解析

會有直銷商能不能進行網路銷售爭議的主要原因在於，在臺灣向來被尊爲經濟憲法的公平交易法第 20 條規範「交易中一方不得限制他人的活動條件」，那麼在這樣的規範底下，直銷公司限制直銷商不得進行網路銷售時，會不會構成限制競爭？或是因爲直銷市場結構、直銷商品或服務特性、或直銷的獎金制度等因素，導致這樣的限制可能存在正當理由，不構成限制競爭？

依據多層次傳銷管理法定義，所謂的多層次傳銷是指直銷商透過建立「多層級組織」進行推廣銷售的模式，並定義所謂的直銷商，指透過推廣銷售商品、介紹他人參加、及因介紹之人推廣銷售產品或再介紹他人參加而獲得佣金獎金之權利者；至於直銷產業推廣銷售的方式如何？與其他通路的關係如何？多層次傳銷管理法並沒有像世界直銷聯盟（WFDSA）般定義「直銷應採取面對面、非固定點的無店舖銷售模式」，所以，在法律規範上，對於直銷得否以網路銷售方式進行之議題，並沒有規範，故直銷公司限制直銷商不得網路銷售這個課題，仍由私法或委由當事人依據契約自主決定。

所以，直銷商可否以網路銷售方式經營直銷的議題，在法律未有明確規範前，應回歸契約當事人間的約定，如雙方的契約內容有約定可進行網路銷售、或不得進行網路銷售之政策方向，則契約當事人即應依據約定好的遊戲規則來進行，至於直銷公司這樣的規定，有無違反公平交易法，則是另一個問題。本案例中，東吳直銷公司《東吳直銷謀略》既然已經規定「直銷商不得進行網路銷售」，魯肅即應予尊重。

Q 直銷公司可否限制直銷商的銷售價格？

A 視公司體制而定。

範例故事

北魏直銷公司主打商品爲杜康酒，建議售價爲每斤 10 兩。曹丕致力於銷售並建立龐大的下線組織，打算以每斤 8 兩薄利多銷的價格販售給消費者；另方面，曹植寄情詩畫，對銷售沒有興趣也沒有建立下線組織，獎金收入相當微薄，所以當曹植發現曹丕以每斤 8 兩的價格販售杜康酒時，非常生氣，因爲自己根本無法與之抗衡，遂翻出營業守則《北魏直銷兵書》規定：「直銷商銷售價格應高於或等於建議售價。」向公司抗議。試問：北魏直銷公司可否限制曹丕的銷售價格？

說明解析

公平交易法第 19 條規範：「事業不得限制其交易相對人，就供給之商品轉售與第三人或第三人再轉售時之價格。但有正當理由者，不在此限。」也就是所謂的「事業不得限制轉售價格原則」，但此項原則的適用基礎，在於交易相對人已從事業處將商品的所有

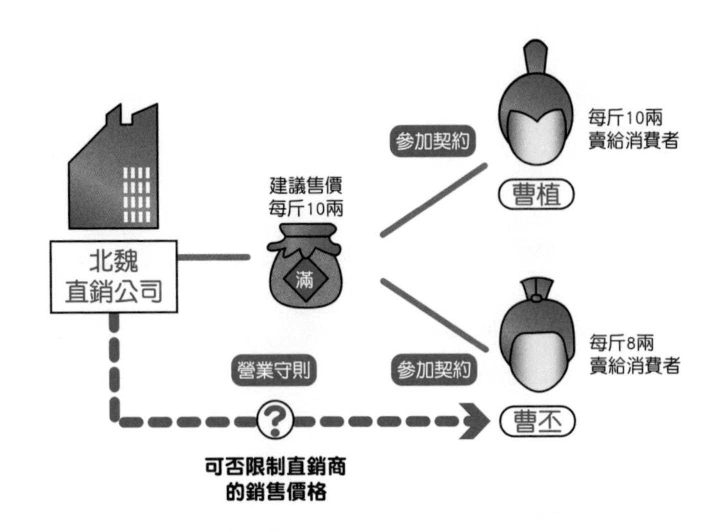

權買斷，換句話說，事業和交易相對人就該商品是存在「經銷關係」。

直銷商與直銷公司拿貨的行為，通常是銀貨兩訖，亦即直銷商一手付款、直銷公司一手交貨的時候，該貨品的所有權便移轉給直銷商，二者之間是經銷關係；但也有一些直銷公司的直銷商並不需要自己拿錢和直銷公司購貨，而由消費者向直銷公司辦理加入公司會員手續，購貨的錢是消費者直接給直銷公司，這種銷售模式稱之為「代銷」。公平會於 85 年 2 月 24 日（85）公研釋字第 102 號函釋表示：「代銷與經銷之區別，不宜僅從其契約之字面形式判斷，而應就其實質內容加以認定。兩造交易關係究屬代銷抑或經銷，應考量其商品所有權已否移轉、銷售風險及經營成本負擔、為何人計算、以何人名義作成交易及有無佣金給付給各節為斷。倘上下游事業已就商品所有權移轉，則該二事業屬經銷關係無疑。」

簡單的說，如果直銷公司與直銷商間成立經銷關係，則直銷公司販售商品給直銷商時是第一次的買賣契約關係，商品所有權已經移轉給直銷商，直銷商再販售予消費者時將成立第二次的買賣契約關係，因為直銷商是販售自己所有的商品給消費者，所以在這種情形下，直銷商可以自由決定銷售價格。

如果直銷公司與直銷商間成立代銷關係，則直銷公司與直銷商間存在居間契約、代理契約或媒介契約，此時商品所有權沒有移轉給直銷商，而是直銷商以直銷公司名義與消費者締結買賣契約，此時只存在一個買賣契約，買賣契約當事人為直銷公司與消費者，所以直銷公司可以決定這個買賣契約的銷售價格。這種情況下就不適宜「事業不得限制轉售價格原則」，可參考公平會 81 年 4 月 30 日（81）公釋字第 004 號函：「如確屬代銷契約，有關公平交易法之適用問題說明如左：1. 關於代銷契約中約定有銷售價格者，因代銷之事業所獲得之利潤並非因購進商品再予轉售而賺取其間之差額，因此無轉售價格之問題，不適用公平交易法第十八條之規定（現行法第 19 條）。2. 關於代銷契約，是否違反公平交易法第十九條第六款規定（現行法第 20 條第 5 款），仍應視個案具體認定。」

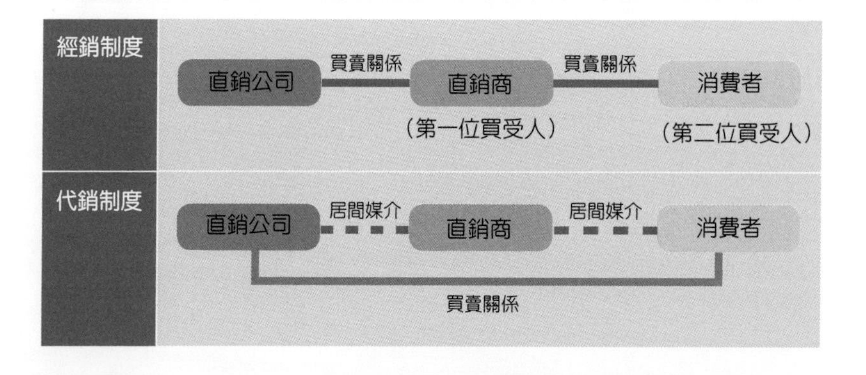

本案例中，北魏直銷公司若採取代銷模式，可以限制曹丕的銷售價格；北魏公司若採取經銷模式，則不可以限制曹丕的銷售價格，亦即曹丕可自訂杜康酒銷售價格後再為出售。

法律小觀點

1. 原則上各行各業都應遵守「事業不得限制轉售價格原則」，但於採取代銷模式的企業，可以限制下游代銷商的銷售價格。
2. 經銷模式是由直銷商買斷產品所有權，直接向消費者販售自己所有權的產品；代銷模式是由直銷商代替直銷公司向消費者販售產品，直銷商是在販售直銷公司所有權的產品。
3. 實務上傾向認定直銷公司與直銷商間成立經銷關係。不過依據多層次傳銷管理法規定，直銷公司有接受直銷商退出退貨的義務，因此在這個直銷商退出時，直銷公司必須負擔產品退貨的情形下，那麼這個產品的所有權是否完全由直銷商買斷？是那麼確定的經銷關係嗎？似乎還有待更深入的探討。

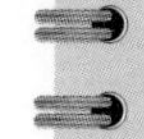

Q 直銷商可以用贈品的方式販售產品嗎？

A **原則上可以，但價值不宜超過商品價值的二分之一。**

範例故事

杜康酒一斤建議售價是 10 兩。曹丕為了搶占市場，祭出了買一斤杜康酒送價值 1 兩的高級五花肉，造成消費者搶購；曹植聽聞曹丕的行徑，急忙推杜康酒出買一送一的價格優惠，使消費者改跟曹植搶購；後知後覺的曹彰聽聞曹丕跟曹植的行徑，決定來個魚死網破，推出買三斤杜康酒送價值 50 兩的西域精美玉石，消費者又通通跑來跟曹彰搶購，頓時間三兄弟為此有了心結。試問：曹丕、曹植、曹彰贈送贈品的方式，是否可行？

說明解析

俗話雖說「賠錢的生意沒人做」，但企業經營者如果為爭取客戶，贈送價值過當的贈品，此時可能涉及利用商品或服務以外的條件爭取顧客，導致影響消費者對商品或服務的正常選擇。這樣的競爭手段有違商業倫理與效能競爭，對競爭秩序產生不良影響，所以公平交易法第23條規範：「事業不得以不當提供贈品、贈獎之方法，爭取交易之機會。」

怎樣的贈品價額才不算過當呢？可以參考「事業提供贈品贈獎額度辦法」第4條，原則上贈品價值不應該超過商品或服務價值的二分之一。也就是說價值1,000元的商品，贈品價值上限爲500元；但如果是價值100元以下的商品，則贈品價值最高可以送到50元。

但依據公平會105年5月12日公法字第10515602814號令認爲，同類商品「買一送一」行爲，應該歸類爲「同類商品或服務之數量折扣行爲」，依據事業提供贈品贈獎額度辦法第3條，「買一送一」贈送的同種類商品，是例外不算成贈品，而沒有事業提供贈品贈獎額度辦法的限制。雖然「買一送一」是市場的交易常見型態，但因爲買一送一將導致贈品價值爲商品價值的100%，偏向靠價格因素來吸引客戶，對於講究服務品質的直銷產業，並不妥當，且價格戰並非長久之計，所以還是應該以完善優良的服務爲方向才是。

案例中，曹丕方案是買10兩的杜康酒送1兩的高級五花肉，贈品價值未超過商品價值的二分之一，可行；曹植「買一送一」爲同種類商品的折扣行爲，沒有「事業提供贈品贈獎額度辦法」之限制，可行；曹沖的贈品爲買價值30兩的杜康酒送50兩的西域精美玉石，贈品價值超過商品價值的二分之一，不可行。

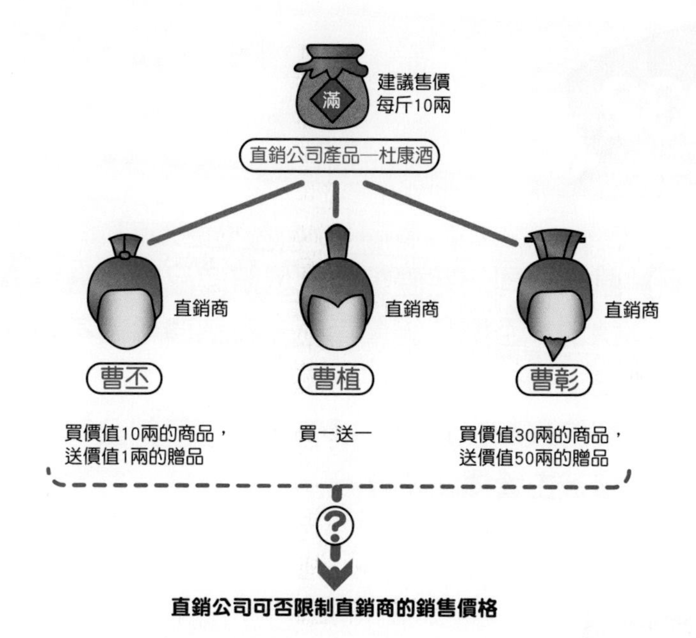

法律小觀點

贈品價值原則上不應該超過商品或服務價值的二分之一，但「買一送一」則例外構成同類商品的折扣行為，不受到贈品上限規範的限制。

Q 直銷公司規定直銷商要依照商品的建議售價銷售，否則負賠償責任，直銷商可以不遵守嗎？

A **契約條款在當事人間有效，但直銷公司可能會被主管機關處分。**

範例故事

北魏直銷公司的營業守則《北魏直銷兵書》規定：「直銷商銷售價格應高於或等於建議售價，違反者一經發現，公司得要求低於價格同等值的賠償」。曹丕一向都是向公司買斷商品後，再爲販售，且他知道公平交易法有「事業不得限制其交易相對人轉售價格」的規範，所以認爲北魏公司這樣的限制售價條款，無效，曹丕於是自顧自的以每斤 8 兩的價格販售杜康酒（原建議售價爲每斤 10 兩）。北魏公司掌握證據發現曹丕已經販售了 100 斤的杜康酒，遂要求曹丕賠償公司每斤短少之 2 兩、100 斤共 200 兩給公司，曹丕拒絕接受。試問：曹丕是否應賠償公司 200 兩？

說明解析

公平交易法是公法的概念，也就是行政機關對於人民或企業的管制措施，如果企業的契約條款被認定違反公平交易法時，則這樣的契約條款在當事人的私法關係，效力如何？

這裡要先說明法律規範可分爲效力規定及取締規定，二者違反的法律效果並不相同。所謂的「效力規定」是指違反該法律規範的行為是無效的，例如婚約不得強迫履行，強迫履行者無效；所謂的「取締規定」則是違反該法律規範時，將有相對應的法律效果或刑罰或行政罰制裁，但該法律行為並不因此無效，例如法人非經登記事項不得對抗第三人，但法人作成未經登記事項之行爲，並非無效，只是不得對抗第三人而已。

公平交易法的規範，多數實務見解認為是取締規定。亦即直銷公司限制直銷商的售價條款，被主管機關（公平會）認爲是限制競爭，而直銷公司因此會有相關的罰鍰或要求改正的處分，但是該限制售價條款在直銷公司與直銷商間仍屬有效存在，並不因此無效，

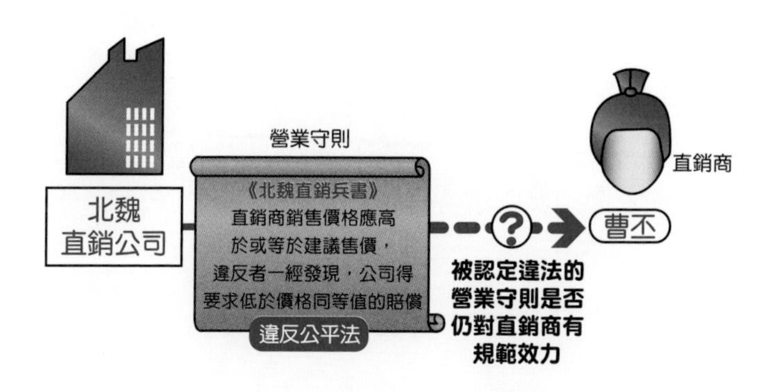

PART3

所以直銷公司倘因直銷商違反售價條款而開除會員資格、作成懲罰性違約金處分等，法院會認定該等處分行爲仍爲有效，直銷商應接受處分。

案例中，假設北魏直銷公司的價格政策被認定違反公平交易法，北魏公司可能會被公平會處以罰鍰或要求改正，但這樣的價格政策對曹丕仍有拘束效力，曹丕仍應賠償公司 200 兩。

法律小觀點

實務上傾向認定公平交易法為取締規定，也就是違反取締規定之契約條款，將有相對應的法律效果，但該契約條款在當事人間的私法關係，仍屬有效。

Q 直銷商可以不經過直銷公司同意，擅自使用直銷公司的著作、商標製作文宣品嗎？

A 需視公司有無授權，以及授權的範圍，小心侵權。

範例故事

大喬加入東吳直銷公司後，為了讓下線直銷商更快吸收銷售技巧及了解公司產品資訊，大喬決定自己編輯教學講義，她將東吳公司出版之《東吳兵器祕笈》、《東吳銷售心法》最精華的部分摘取出來，合併成一本《東吳行銷技巧速成手冊》供參與教育訓練的直銷商購買使用。其次，大喬也決定在舉辦教育訓練及產品說明會時，大量擺放自行印製、印有「東吳」字樣的旌旗及商標圖樣的文宣海報，讓活動更具感召力。大喬認為，自己是東吳的直銷商，使用東吳的著作與商標也是為了幫公司賺錢，這麼做應該是合情合理的。試問：大喬自行編輯講義販賣、印製旌旗、製作文宣招攬下線的作法是否合法？

說明解析

著作權法第10條規定：「著作人於著作完成時享有著作權。」商標法第33條亦規定：「商標自註冊公告當日起，由權利人取得商標權。」故不論是著作權還是商標權，由於這些權利皆由他人所享有，故非權利人在未經授權的情況下，原則上是不能擅自使用的，尤其不能用於營利的行爲，直銷商亦不例外。直銷商雖然能推廣、銷售直銷公司的產品及服務，但其並不當然能使用公司的著作及商標。

在我國直銷實務上，有些直銷公司會在營業守則中特別聲明此點，明訂直銷商不得擅自使用公司的著作或商標，是採完全禁止的作法。不過，也有一些直銷公司的規定是採取非經授權不得擅自使用公司著作、商標的作法，而規定爲：「公司之一切著作物，均受國家著作權法之保障，直銷商或他人未經公司之書面許可，不得翻印或複製其全部或一部內容或爲其他之侵害行爲。」要特別說明的是，這些規定的存在，在在說明了直銷商是不能擅自使用公司著作或商標的，就算有授權，也有使用範圍及方法的限制。

因此，本案例中，除非東吳直銷公司有授權直銷商能自由地運用公司的著作，及授權直銷商能將東吳公司已註冊商標運用於宣傳物

智慧財產權類型	智慧財產權所有權人	直銷商能否使用	
		原則	例外
著作權	直銷公司	不得使用	於公司授權範圍內得使用
商標權	直銷公司	不得使用	於公司授權範圍內得使用

上；否則，大喬擅自編印書籍、製作旗幟、製作文宣海報的行為，將有可能構成侵權。

法律小觀點

著作、商標的侵權不是只有民事責任而已，著作權法第 91 條以下定有侵害著作權的刑事責任，商標法第 95 條以下則定有侵害商標權的刑事責任。因此，直銷商在使用公司的著作及商標時，務必要釐清公司授權使用的範圍為何，以免誤觸法網。

Q 產品如果未取得健康食品許可證，直銷公司或直銷商可以宣稱產品是「健康食品」嗎？

A 不可以。

案例故事

北魏直銷公司以直銷方式販售保健食品聞名，曹操爲其直銷商。曹操的目標是短時間內成爲高階直銷商，因此當然不能錯過身邊的親朋好友，故極力向他們推薦自家產品。曹操對身邊親友表示：「我們公司的產品都是吃了對人體有益的健康食品，以後你們若有需要買健康食品，找我就對了，包你們吃了長命百歲！」試問：曹操可以任意宣稱北魏直銷公司的產品是「健康食品」嗎？

說明解析

依據食品安全衛生管理法第3條的規定，「食品」是指供人飲食或咀嚼之產品及其原料。「健康食品」則依照健康食品管理法第2條的規定，是指具有保健功效，並標示或廣告其具該功效之食品；而「保健功效」乃指增進民衆健康、減少疾病危害風險，且具有實質科學證據之功效，非屬治療、矯正人類疾病之醫療效能，並經中

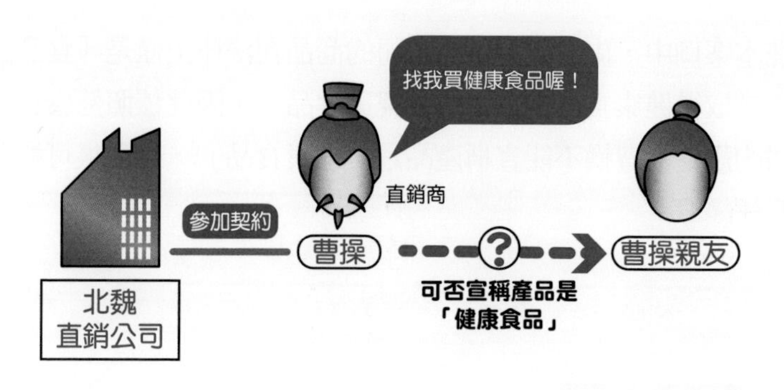

央主管機關（行政院衛生福利部）公告的內容。

由此可知，「食品」和「健康食品」是法律條文明訂的專有名詞，「保健食品」（例如市面常見的維生素 B 群、各式營養補給品）並不是法定用語。同時，只要沒有依照健康食品管理法的規定取得健康食品許可證，對外絕對不可以宣稱產品是「健康食品」；若違反者可處 3 年以下有期徒刑，且得併科新臺幣 100 萬元以下罰金，故不可不慎。

實務上常見的違法態樣，有時是直銷公司沒有取得健康食品許可證，但卻對外宣稱自己的產品是「健康食品」；有時直銷公司並沒有宣稱產品是「健康食品」，但直銷商卻自行印製文宣或是在教育訓練時，告訴消費者或下線產品是「健康食品」。因此請讀者務必銘記在心，除非產品上標有健康食品許可證的字號、「健康食品」字樣及標準圖樣，否則該產品不是「健康食品」，當然就不能對外宣稱是「健康食品」。

在本案例中，由於北魏直銷公司的商品在法律上僅是「食品」，並不是取得健康食品許可證的「健康食品」，因此依照健康食品管理法的規定，曹操不能宣稱產品是「健康食品」，否則很可能有刑事責任。

法律小觀點

臺灣法令對於廠商在介紹和廣告「食品」與「健康食品」上訂有不同的標準，因此直銷公司和直銷商必須先釐清自己販售的產品是「食品」還是「健康食品」，才能在介紹及銷售產品時，依循正確的法令，避免違法而受罰。

健康食品認證標章

Q 直銷公司或直銷商可以宣稱食品有醫療效能嗎？

A 不可以。

範例故事

曹操是以販售保健食品爲主的北魏直銷公司的直銷商，他告訴好友夏侯惇：「我們公司的招牌商品『能量膠囊』，只要每天 2 顆，就能達到調整內分泌的功能，連續食用一個月後還能輕鬆減重 6 公斤！只要你現在一次買 10 盒還可以再送 1 盒喔！」試問：曹操可以宣稱「能量膠囊」有調整內分泌和擁有健美體態的功能嗎？

說明解析

依據食品安全衛生管理法第 28 條規定，食品的標示、宣傳或廣告，不得有不實、誇張或易生誤解之情形，且食品不得爲醫療效能之標示、宣傳或廣告。為了明確何謂「誇張或易生誤解之情形」和「醫療效能」，衛生福利部特別訂定「食品標示宣傳或廣告詞句涉及誇張易生誤解或醫療效能之認定基準」。簡要整理如下：

一、涉及誇張、易生誤解或醫療效能之認定基準

（一）使用下列詞句者，應認定爲涉及醫療效能

1. 宣稱預防、改善、減輕、診斷或治療疾病或特定生理情形。如：治失眠、防止貧血、降血壓、調整內分泌。
2. 宣稱減輕或降低導致疾病有關之體內成分。
3. 宣稱產品對疾病及疾病症候群或症狀有效。
4. 涉及中藥材之效能者。
5. 引用或摘錄出版品、典籍或以他人名義並述及醫藥效能。

（二）使用下列詞句者，應認定爲未涉及醫療效能，但涉及誇張或易生誤解：

1. 涉及生理功能者。
2. 未涉及中藥材效能而涉及五官臟器者。
3. 涉及改變身體外觀者。例如：減肥、塑身、美白。
4. 引用衛生福利部部授食字號或相當意義詞句者。

二、未涉及誇張、易生誤解或醫療效能

（一）通常可使用的例句。例如：幫助消化、使排便順暢、調整體質、調節生理機能、養顏美容（未述及醫藥效能）。

（二）一般營養素可敘述的生理功能例句（須明敘係營養素之生理功能）。例如：膳食纖維可促進腸道蠕動；維生素 A 有助於維持在暗處的視覺、維生素 D 可增進鈣吸收。

本案例中，北魏直銷公司是以販售保健食品爲主的直銷公司，而保健食品在法律上屬於「食品」，因此依照「食品標示宣傳或廣告詞句涉及誇張易生誤解或醫療效能之認定基準」，曹操表示「能量膠囊」可以「調整內分泌」已經屬於宣稱醫療效能；「服用一個月能輕鬆減重 6 公斤」的說詞雖然不屬於宣稱醫療效能，但也涉及誇張或易生誤解之情形。因此，曹操違反了食品安全衛生管理法的規定。

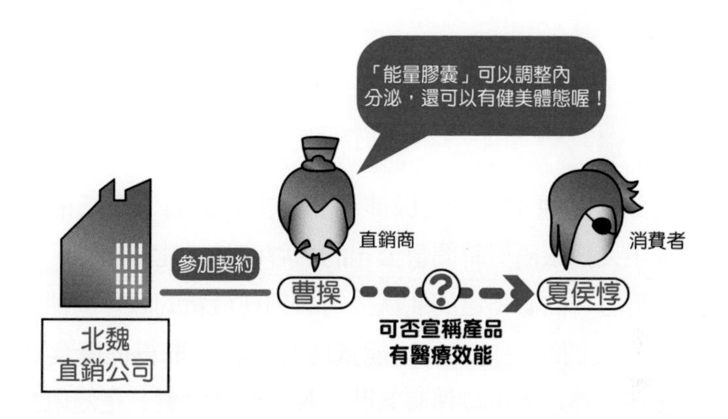

法律小觀點

依照多層次傳銷管理法第 10 條規定，直銷公司在直銷商加入前，應告知關於商品或服務的相關事項。因此直銷公司必須主動告知直銷商產品或服務的特性、用途與相關法令等；直銷商在推廣產品或服務時，也可以主動向直銷公司詢問相關內容。

Q 直銷公司的產品如果是取得健康食品許可證的「健康食品」，可否宣稱有醫療效能？

A 不可以。

案例故事

北魏直銷公司原本以販售保健食品爲主，但爲了提高市場競爭力，花費了大把銀兩與時間替公司的招牌商品「能量膠囊」取得健康食品許可證。開心不已的北魏公司立刻在最新的教育訓練中告訴直銷商：「我們的明星商品『能量膠囊』終於取得健康食品許可證，以後各位夥伴就可以理直氣壯的說『能量膠囊』是健康食品。在推廣時，也可以對外宣稱有治療肝臟疾病的功能！」試問：北魏直銷公司對直銷商的說明正確嗎？

說明解析

在 Q34 中提到，健康食品管理法定義的「健康食品」，是指具有保健功效，並標示或廣告其具該功效的食品。如果沒有取得健康食品許可證，對外絕對不可以宣稱產品是「健康食品」；若違反可處 3 年以下有期徒刑，且得併科新臺幣 100 萬元以下罰金。

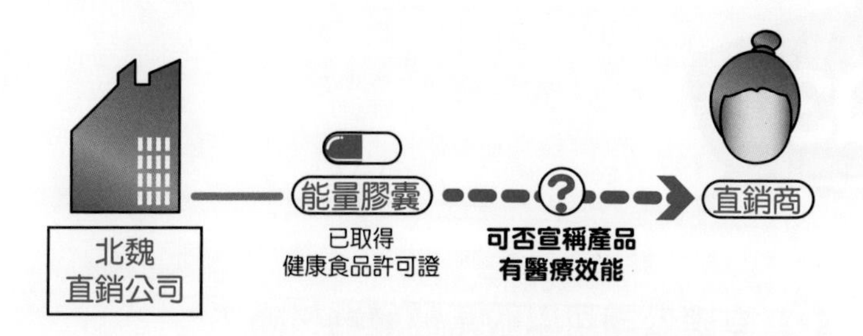

當直銷公司的產品取得健康食品許可證而成爲「健康食品」時，在產品的標示及廣告上就必須依照健康食品管理法的規定。健康食品管理法第 14 條規定，健康食品的標示或廣告不得有虛僞不實、誇張的內容，且宣稱的保健效能不得超過許可範圍，標示或廣告上也不得涉及醫療效能的內容。爲了明確「保健功效」的內容，目前中央主管機關公告的「健康食品管理法所稱保健功效之項目」，保健功效共計 13 項，分別爲：1. 調節血脂功能；2. 免疫調節功能；3. 腸胃功能改善；4. 骨質保健功能；5. 牙齒保健；6. 調節血糖；7. 護肝（化學性肝損傷）；8. 抗疲勞功能；9. 延緩衰老功能；10. 輔助調節血壓功能；11. 促進鐵吸收功能；12. 輔助調整過敏體質功能；及 13. 不易形成體脂肪功能。另外，目前中央主管機關亦有公告魚油及紅麴健康食品規格標準。

如果要宣稱具有保健功效，必須在上述的範圍內，同時經過衛生福利部確認產品中確實具有該項保健功效。在本案例中，由於「能量膠囊」取得了健康食品許可證，因此確實可以宣稱是「健康食品」；但治療肝臟疾病的說法已屬於宣稱醫療效能，因此北魏直銷公司及其直銷商可能會違反健康食品管理法第 14 條的規定。

Q 直銷公司可以販售醫療器材嗎？

A **必須事先取得藥商的許可執照才可販售。**

範例故事

曹操是以販售保健食品為主的北魏直銷公司的直銷商，因發現健康與美麗對大衆有十足的吸引力，因此不斷建議北魏公司增加對愛美族群有吸引力的產品。北魏公司在曹操的遊說下，決定進口「體脂機」進行販售，將主打「一日一次體脂機，脂肪剋星隨我行」的口號。試問：「體脂機」屬於醫療器材，北魏直銷公司可以販售嗎？

說明解析

依據公平會每年公告的多層次傳銷事業經營發展狀況調查結果，顯示直銷公司的產品種類以營養保健食品為大宗，其次為美容保養品，這些產品的消費族群大多有重視健康與美麗的共通點。因此，有些直銷公司為了吸引更多消費者購買，會同時販售有類似效果的器材，此時若這些器材屬於藥事法上的醫療器材，直銷公司和直銷商就必須遵守藥事法上的規定。

依據藥事法規定，「醫療器材」是指用於診斷、治療、減輕、直接預防人類疾病、調節生育，或足以影響人類身體結構及機能，且非以藥理、免疫或代謝方法作用於人體，以達成其主要功能之儀器、器械、用具、物質、軟體、體外試劑及其相關物品。直銷公司要販賣醫療器材，依據藥事法及醫療器材管理辦法的規定，必須先判斷產品是不是醫療器材；若是，再判斷產品是屬於醫療器材管理辦法中的那一類醫療器材，再依不同程序辦理醫療器材查驗登記，當然還必須先領有主管機關的藥商許可執照才行。

本案例中，由於「體脂機」屬於醫療器材，北魏直銷公司要輸入國內必須先辦理醫療器材查驗登記並領有醫療器材許可證，且還要領有藥商許可執照才能販售。否則依藥事法的規定，未依規定辦理者可處3年以下的有期徒刑，且得併科新臺幣1,000萬元以下罰金。

法律小觀點

依據藥事法第65條及第66條的規定，非藥商者不得進行藥品及醫療器材的廣告；若要進行廣告須先將廣告內容中的所有文字、圖畫或言詞申請中央或直轄市衛生主管機關核准。藥事法對於藥品及醫療器材的管理相當嚴格，直銷公司如果販售屬於醫療器材的產品時，務必提醒直銷商注意以上規定。攸關醫療器材許可證相關資訊，可查詢衛福部食品藥物管理署網站資料庫。

衛福部食品藥物管理署網站資料庫
http://www.fda.gov.tw/MLMS/H0001.aspx

Q 直銷商退出時，可以要求直銷公司刪除自己的個人資料嗎？

A 可以，但直銷公司若符合個人資料保護法規定的例外情形時，可以拒絕。

範例故事

呂布是三國直銷公司的直銷商，在經營 2 年後，對於三國公司的制度與商品已失去熱情，同時也多次與公司負責人丁原產生正面衝突，呂布認清三國公司已非安身之處，遂向公司提出退出申請，並要求公司將自己的個人資料全部刪除。試問：呂布是否有權要求三國直銷公司刪除自己的個人資料？

說明解析

直銷公司因為招募直銷商、管理直銷組織、計算獎金及發放獎勵等因素，而有蒐集直銷商個人資料的必要。但是當直銷商退出直銷組織時，依照個人資料保護法第 11 條第 3 項的規定，直銷商可以主張直銷公司已經沒有蒐集個人資料的必要性，請求直銷公司刪除、停止處理或利用個人資料。然而同條文但書規定，因執行職務

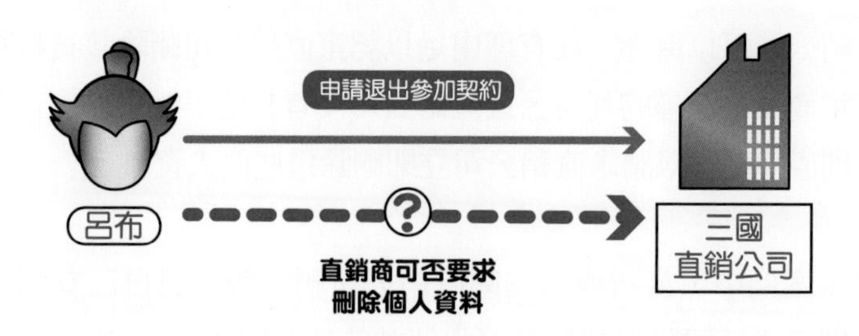

或業務所必須或經當事人書面同意者，不在此限。該不在此限的理由，依據個人資料保護法施行細則第 21 條規定：1. 有法令規定或契約約定之保存期限；2. 有理由足認刪除將侵害當事人值得保護之利益；3. 其他不能刪除之正當事由，爲但書所定因執行職務或業務所必須。

另多層次傳銷管理法基於主管機關監督及管理上的考量，在第 25 條規定多層次傳銷事業應按月記載組織發展、商品或服務銷售、獎金發放及退貨處理等狀況之資料，以便主管機關進行查核，並在同條第 2 項規定這些指定資料必須保存 5 年，即使直銷公司已停止多層次傳銷業務亦同。而這些查核資料的具體內容，依照多層次傳銷管理法施行細則第 9 條第 1 項第 3 款的規定，包含直銷商的姓名或名稱、國民身分證或事業統一編號、地址、聯絡電話及主要分布地區。

綜合以上說明，直銷公司對於直銷商上述的資料，依法至少要保存 5 年；即使直銷商在退出後要求直銷公司刪除，直銷公司也可以拒絕。但關於直銷商其他的個人資料，如果在參加契約中沒有約定直銷公司可以保存、沒有理由足以認定直銷公司刪除該資料將侵害直銷商值得保護的利益、或直銷公司沒有其他不能刪除的正當事由，則直銷商可以請求直銷公司立即刪除這些個人資料。

在本案例中，呂布要求三國直銷公司刪除所有跟自己有關的資料，則三國公司可以基於多層次傳銷管理法第25條及施行細則第9條的規定，拒絕刪除呂布的姓名、國民身分證、地址、聯絡電話及主要分布地區等資料。但呂布其他的個人資料，則需要再檢視是否曾書面同意或有個人資料保護法施行細則第21條的例外情形，否則三國公司就必須刪除。

法律小觀點

直銷公司在直銷商提出刪除個人資料的要求時，在法定程序上需依據個人資料保護法第11條第3項與其施行細則第21條的規定，之後再依據多層次傳銷管理法第25條及其施行細則第9條的規定處理。

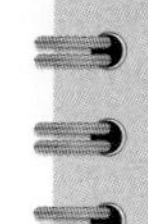

Q 直銷公司的商品廣告不夠吸引人，我可以自己做更有宣傳效果的廣告嗎？

A 商品廣告內容不可以誇大不實。

範例故事

張飛爲西蜀直銷公司的資深直銷商，他爲提升公司商品「將士披風」的銷售量，自行製作商品宣傳單，並在街上發傳單。傳單上寫道：「披風會釋出紅外線粒子，穿在身上不僅能禦寒，更能達到燃燒脂肪、瘦身等效果，讓你『不運動、也能瘦！』」。試問：張飛自行印製具有上述神奇減肥功能的商品宣傳單是否合法？

說明解析

直銷商主要是透過推廣、銷售商品或服務，而獲得佣金、獎金或其他經濟利益，因此，直銷商能不能順利推廣、銷售商品，即爲其能否成功的關鍵。然而，在競爭激烈的情形下，難免會有不正派的直銷商，透過內容虛僞或引人錯誤的廣告以吸引消費者購買商品或服務。此不當的廣告行爲不僅有礙市場競爭，更可能使消費者遭受其害、上當受騙。

因此，為防止不正派的直銷商使用內容虛偽或引人錯誤的廣告以宣傳自家的商品或服務，多層次傳銷管理法第 10 條第 1 項第 5 款規定：「多層次傳銷事業於傳銷商參加其傳銷計畫或組織前，應告知下列事項，不得有隱瞞、虛偽不實或引人錯誤之表示：五、商品或服務有關事項。」而直銷商依據同條第 2 項規定，亦不得對商品或服務有虛偽不實或引人錯誤的表示。違反上述規定者，依據同法第 34 條，公平會得令其限期停止、改善，並得處新臺幣 5 萬元以上 100 萬元以下之罰鍰。所謂商品或服務有關事項，依照多層次傳銷管理法施行細則第 5 條，是指：「商品或服務之品項、價格、瑕疵擔保責任之內容及其他有關事項。」

本案例，張飛為宣傳「將士披風」，於商品廣告內做出該商品具「燃燒脂肪、瘦身」、「不用動也能瘦」等虛偽不實或引人錯誤的宣傳內容，已經違反多層次傳銷管理法第 10 條的規定，依據同法第 34 條，公平會得命其停止、改善，並可處 5 萬元以上 100 萬元以下之罰鍰。

法律小觀點

本案例僅就多層次傳銷管理法如何管理與處罰內容虛偽或引人錯誤的廣告做說明，除多層次傳銷管理法之外，內容虛偽、引人錯誤的廣告，事實上依其宣傳的商品或服務的不同，還會涉及違反很多其他法規，本書於此一併將可能涉及違反的法規整理如下表所示：

商品或服務類別	對於宣傳內容涉虛偽、引人錯誤之有關法律規範
所有商品及服務	刑法第 339 條
所有商品及服務	公平交易法第 21 條
所有商品	藥事法第 65 條、第 69 條、第 70 條
所有商品	商品標示法第 6 條
食品	食品安全衛生管理法第 28 條
食品	健康食品法第 6 條、第 14 條

Q 直銷商自行製作的商品廣告內容誇大不實，直銷公司是否有義務加以制止？

A 直銷公司有制止義務。

範例故事

承 Q39，張飛替「將士披風」做出「不運動、也能瘦！」的宣傳廣告後，銷售量果然大幅增長。然而，有不少消費者向西蜀直銷公司投訴，他們是相信「將士披風」的宣傳效果才購買此產品的，結果反而因爲沒在運動而越穿越胖。西蜀公司收到消費者投訴後，心想反正這是直銷商張飛的個人作爲，與公司無關，因此未對這件事情做任何處置。試問：西蜀直銷公司是否需出面要求張飛停止或改正自行製作誇大不實的商品廣告行爲？

說明解析

本書曾在 Q39 提到，不論直銷公司還是直銷商，皆不得對商品有隱瞞、虛僞不實或引人錯誤的表示（多層次傳銷管理法第 10 條第 1 項第 5 款），違者依據同法第 34 條規定，公平會得令其限期停止、改善，並得處新臺幣 5 萬元以上 100 萬元以下之罰鍰。然

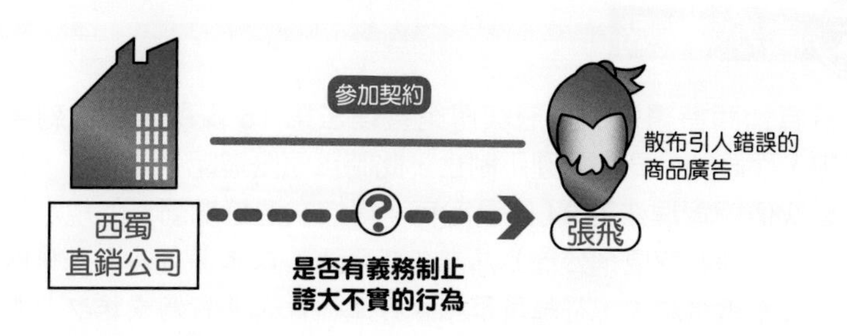

而，倘若違法的是直銷商而非直銷公司，此時直銷公司有法律上的義務要處理、制止該直銷商違法的行爲嗎？

答案是有的。依據多層次傳銷管理法第 15 條第 1 項第 1 款，直銷公司應將「以欺罔或引人錯誤之方式推廣、銷售商品或服務及介紹他人參加傳銷組織」列為直銷商違約事由，並訂定能有效制止之處理方式。直銷公司違反第 15 條所定義務者，依據同法第 34 條，公平會得限期令直銷公司停止、改正該直銷商的行爲或採取必要更正措施，並得對直銷公司處新臺幣 5 萬元以上 100 萬元以下罰鍰。

本案例之西蜀直銷公司應盡制止的義務，除了應在西蜀公司的營業守則或參加契約對直銷商課予不得爲誇大不實之廣告的義務外，還需要求張飛停止、改正誇大宣傳的行爲，於情節嚴重時，公司甚至應該立即終止張飛的直銷權，以避免更多消費者受騙。

法律小觀點

若直銷商持續違反多層次傳銷管理法第 15 條所定的違約事由，而直銷公司也遲遲不制止，此時該怎麼辦呢？實際上，多層次傳銷管理法第 34 條還定有「得按次連續處罰」的規定：「（直銷商或直銷公司）屆期仍不停止、改正其行爲或未採取必要更正措施者，得繼續限期令停止、改正其行爲或採取必要更正措施，並按次處新臺幣 10 萬元以上 200 萬元以下罰鍰，至停止、改正其行爲或採取必要更正措施爲止。」所以，直銷公司不制止的結果，可能不是被罰一次就可以了事的哦！

PART4

直銷商上、下線間之權利義務

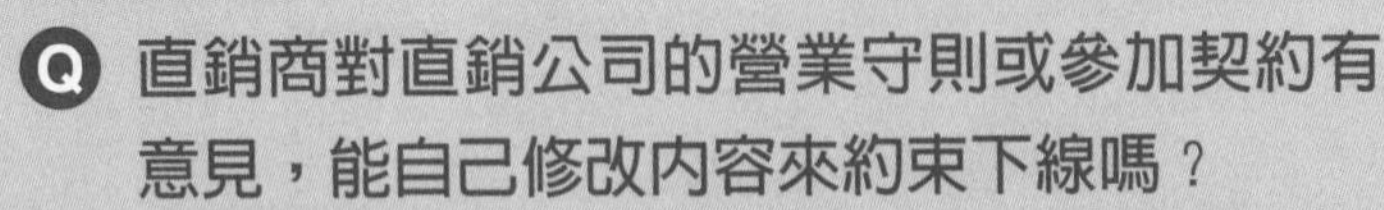

Q 直銷商對直銷公司的營業守則或參加契約有意見，能自己修改內容來約束下線嗎？

A 不能，除非公司直銷商另行成立新的直銷公司並經報備。

範例故事

小喬以「銅雀臺有限公司」的身分成爲東吳直銷公司的直銷商後，規模越做越大，下線人數已有上千人。然而，在組織擴張的同時，小喬發現東吳公司的營業守則對直銷商的管理制度並不完善，使她無法妥善管理下線直銷商的個人行爲。小喬覺得，既然自己都開公司了，應該有足夠的權力把自己想要的規定加進參加契約裡，以約束未來她推薦參加的下線直銷商。試問：小喬能擅自修改東吳公司的營業守則或參加契約，以約束下線的直銷商嗎？

說明解析

Q11 已說明過，直銷商是可以用公司的名義成爲直銷商的，由於以公司名義加入的人，通常較有公司經營的理念，所以當他將直銷規模經營到一定程度時，往往會對直銷公司的制度有所意見，也因

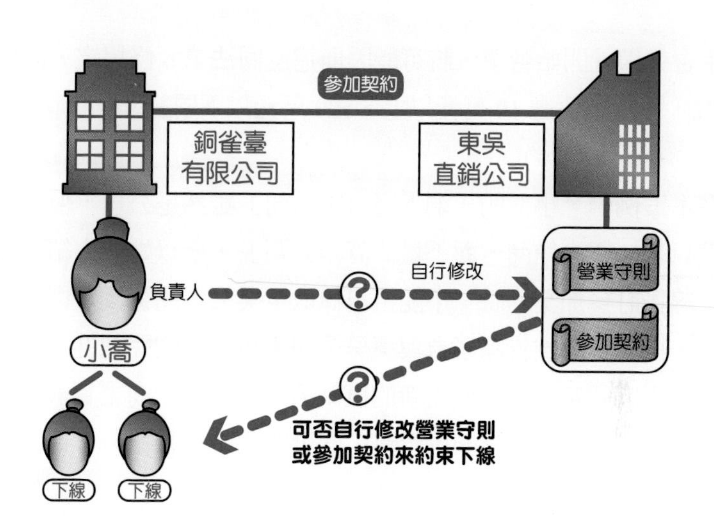

此想修正直銷公司營業守則或參加契約的內容，並要求他自己的組織下線遵守。不過，這種作法並不恰當。首先，本書要特別提醒的是，直銷商終究是「直銷商」，而非「直銷公司」，因此直銷商在介紹下線加入直銷公司時，讓下線審閱的營業守則及參加契約都是直銷公司的守則與契約，下線加入的也是直銷公司，而非直銷商自己開創的公司。因此，直銷商應不得擅自修改直銷公司的營業守則與參加契約的內容。

再者，直銷商也不宜把自己當作直銷公司，自行增刪營業守則或參加契約的條款，因為這樣做可能會被公平會認為直銷商是在經營一個「新的直銷公司」。依據多層次傳銷管理法第 6 條關於直銷商於經營直銷公司「前」，有義務向公平會報備營業守則與參加契約的規定，倘若「直銷商」未先把修改後的營業守則與參加契約向公平會報備就開始營業，將可能因而違反同法第 6 條規定，而依第 32 條，可能被會處 10 萬元以上、500 萬元以下罰鍰。

在本案例中，小喬的「銅雀臺有限公司」雖然是公司，但該公司仍然只是一個直銷商，而不是「直銷公司」，所以她在介紹下線、讓下線簽訂參加契約時，不能擅自修改東吳公司的營業守則或參加契約。擅自修改契約除了會與東吳公司產生違約的問題外，亦有可能被公平會認定爲是在經營新的直銷公司。又，未向主管機關報備營業守則或參加契約就開始營業，即可能會遭到懲處。

法律小觀點

公司直銷商另行成立直銷公司，應注意是否會與其原本所屬的直銷公司產生違約的問題，尤其要注意有無違反競業禁止條款。

Q 上線可否用下線的名義或帳號幫下線訂貨？

A 如果上線有得到下線的授權，可以。

範例故事

董卓是三國直銷公司的直銷商，招攬呂布為其下線。董卓向呂布表示，為了購買產品方便，需要呂布在參加契約上填寫信用卡資料，同時遊說呂布提供網路訂貨的帳號與密碼給自己，讓自己更容易協助呂布銷售商品。誰知董卓為人奸險，為了自己的進階，不但沒有協助訂貨與售貨，反而利用信用卡資料，陸續以呂布的名義購買了數十萬元的產品，造成呂布大量囤貨而無法銷售。試問：董卓可以利用呂布提供的帳號與密碼，自行替呂布訂貨嗎？

說明解析

直銷實務上，優秀上線的帶領與教導是新進直銷商能否成功的很重要關鍵，有時上線確實會以協助或方便取貨等名義，希望下線同意讓上線協助訂貨，但若上線另有所企圖，則事情就沒這麼單純了。

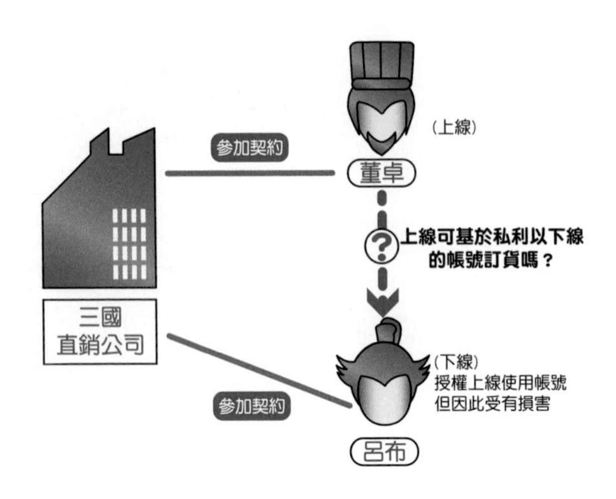

依照刑法第 210 條規定，一個沒有製作文書權限的人，冒用他人的名義製作了文書，而足以使公眾或被冒用者受到損害時，就會構成僞造私文書罪。因此在上線沒有得到下線同意的前提下擅自替下線訂貨，自然已經構成了刑法上的僞造私文書罪。

若下線一開始有授權上線可以用自己名義訂貨，在授權範圍內即有權代表本人製作本人名義的文書；然而一旦逾越了授權範圍，則逾越授權的行爲還是會構成僞造文書罪，不能因此而免責。另外當下線因爲信任上線而授權上線爲自己訂貨時，上線就背負了爲下線利益及協助下線訂貨的任務；如果上線以下線名義訂貨的行為是為了自己或第三人的利益，則上線不僅辜負了下線的信任，還可能同時觸犯刑法第 342 條的背信罪。

在本案例中，雖然呂布有授權董卓以自己的名義訂貨，但授權的目的是要讓董卓協助自己，並不是要滿足董卓想儘速進階的私心。因此董卓以呂布名義大量購買商品的行爲不僅逾越了呂布的授權，也損害了呂布的財產，同時也可能觸犯了僞造私文書罪與背信罪。

法律小觀點

直銷是銷售人員直接面對顧客的一種銷售模式，顧客因銷售人員的說明與示範，進而產生購買意願甚至成為銷售夥伴。因此如果直銷商的業績並不是透過自己招攬而來，而是上線協助下線訂貨所產生，理論上也不符合直銷的本質。

考量直銷的特性、發生糾紛的風險與成本追討，建議直銷商不要輕易將自己的帳號與密碼提供給上線或他人。

Q 如果上線沒有造成下線的損害且基於好意，是否可未經下線授權，逕自使用下線的名義或帳號幫下線訂貨？

A 不可以。

範例故事

三國直銷公司的明星商品「七寶刀」由於原料取得不易，每年開放訂購時總是立刻被搶購一空。董卓是三國公司的直銷商，知道自己的下線兼好友呂布對於「七寶刀」嚮往已久，在某年替自己訂購完畢後，發現「七寶刀」尚有剩餘，為避免他人捷足先登，於是董卓在未獲得呂布的授權下，利用呂布加入時提供的會員資料替他訂購了一把「七寶刀」。試問：董卓可以擅自替呂布訂貨嗎？

說明解析

承 Q42 所述，沒有製作文書權限的人冒用他人的名義製作了文書，而足以使公眾或被冒用者受到損害時，就會構成刑法上的偽造私文書罪。而對於「足以生損害於公眾或他人」的解釋，最高法院認為實際上不必眞的有損害發生，只要有損害發生的危險即可；學

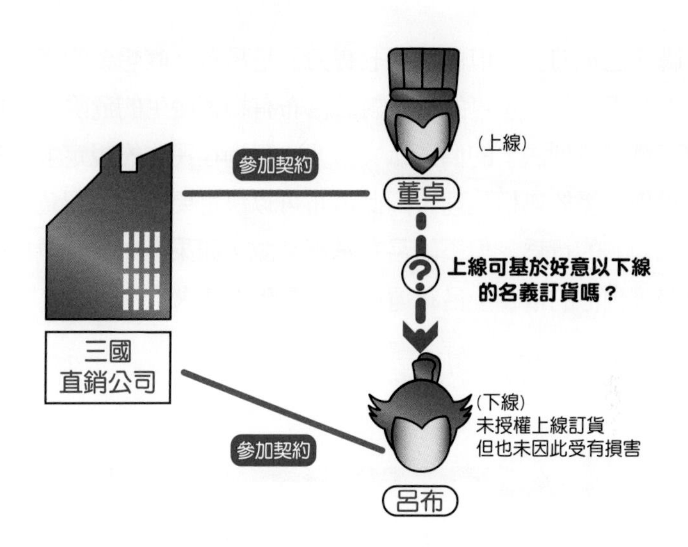

理上則有認爲「足以生損害於公衆或他人」，應依據個案狀況具體判斷。綜合實務與學理的見解，在判斷「足以生損害於公眾或他人」時，不必然真的要有損害發生，只要有損害發生的危險即可；但是否有損害發生的危險，則須依個案判斷較為適當。

對於未經本人授權就以本人名義對外做意思表示的行爲，在民法上稱之爲「無權代理」。被無權代理的本人可以選擇要不要承認無代理權人所做出的法律行為，如果本人拒絕承認，無代理權人所做的行為就對本人不生效力。同時無代理權人既然是濫用本人的名義從事法律行爲，如果因此對本人造成損害，本人得依據侵權行爲向無代理權人請求損害賠償。

在本案例中，董卓雖沒有得到呂布的授權，就以呂布的名義爲呂布訂購「七寶刀」；但由於「七寶刀」是呂布一直想要的商品，在判斷上並不會認為董卓的行為對於呂布有損害發生的危險，因此董卓並不會構成刑法上的偽造私文書罪。不過在民法的規定上，董卓的行為仍然屬於無權代理，因此呂布可以決定要不要承認董卓訂購「七寶刀」的行為。但不論呂布承不承認，如果呂布認為董卓的行為有侵害到他的權益，呂布還是可以向董卓請求損害賠償。

法律小觀點

如果上線擅自使用下線的名義訂貨，雖然在下線沒有發生損害危險的情形下，上線並不會構成刑法上的偽造私文書罪，但這並不表示上線就不會構成民法上的無權代理與不用負擔無權代理的損害賠償責任。因此只要沒有得到下線（本人）的授權，上線（無代理權人）都不能以下線的名義擅自訂貨（從事法律行為）。

Q 直銷公司或直銷商在招募下線時，可以隱瞞是要從事直銷行為嗎？

A 不可以。

範例故事

曹操是北魏直銷公司的直銷商，邀請好友夏侯惇一同報名「兵器博覽會」的招募工讀生活動，夏侯惇到場後，才發現「兵器博覽會」其實是北魏公司的產品發表會。夏侯惇雖然失望但卻難以招架曹操的人情攻勢，只好無奈地陪著曹操全程參與，過程中並不斷地被曹操介紹北魏公司的話語干擾。試問：曹操可以用招募工讀生爲名義，隱藏實際上想招募夏侯惇成爲直銷商的目的嗎？

說明解析

依據多層次傳銷管理法第 11 條規定：「多層次傳銷事業或傳銷商以廣告或其他方法招募傳銷商時，應表明係從事多層次傳銷行爲，並不得以招募員工或假借其他名義之方式爲之。」換言之，直銷公司在招募直銷商或直銷商在招募下線時，必須向對方具體表明招募目的是要從事直銷行為，而不能以招募員工或其他與直銷行爲

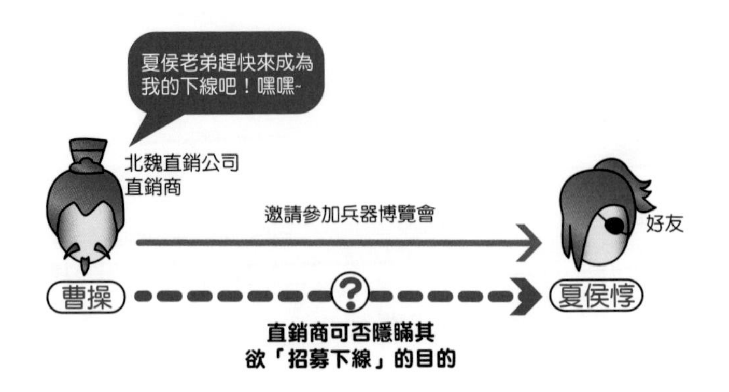

無關的名義爲之。實務上曾有以「志工媽媽」或「工讀生」作爲招募幌子，當被招募者前往指定處所時，才發現實際是招募從事直銷行爲，此時行爲人將違反多層次傳銷管理法第 11 條直銷公司對直銷商告知及說明義務的規定。

多層次傳銷管理法，是希望每一位直銷商都是在取得正確且充分訊息的背景下，審慎地做出加入直銷組織的決定，以減少未來可能產生的紛爭。而且如果直銷公司或直銷商肯定直銷產業的價值，又何需對他人隱瞞直銷公司或直銷商的身分？因此多層次傳銷管理法課以直銷公司及其直銷商有誠實說明與告知的義務。

在本案例中，曹操並沒有事前如實告知夏侯惇要參加的活動，而且曹操在活動過程中又不斷推廣北魏直銷公司的訊息給夏侯惇，可知曹操雖以招募工讀生爲名義邀約夏侯惇，眞正的目的卻是想招募夏侯惇成爲直銷商，因此曹操的行爲已經違反多層次傳銷管理法第 11 條的規定。

法律小觀點

直銷公司或直銷商違反多層次傳銷管理法第 11 條的規定時，依同法第 34 條規定，主管機關除了可以限期令停止、改正其行為或採取必要更正措施外，還能處新臺幣 5 萬元以上 100 萬元以下罰鍰；由此可知第 11 條規定的告知及說明義務，並非僅是單純的道德勸說。

Q 直銷商在介紹商品時如有不實的說明，主管機關可以處分直銷商嗎？

A 主管機關可以對直銷商做出處分。

範例故事

曹操是北魏直銷公司的直銷商，鼓吹好友夏侯惇購買北魏公司的明星商品「長柄大刀」，並表示如果夏侯惇使用後覺得不稱手，在取貨後的6個月內都可以全額退費。夏侯惇大為心動，便立刻加入北魏公司且購買五把「長柄大刀」，但事後卻發現只有取貨後的30天內退貨才能全額退費，否則必須依北魏公司的規定折算退費金額。試問：如果夏侯惇向主管機關檢舉曹操以不實的內容介紹商品，主管機關可以處分曹操嗎？

說明解析

為了讓直銷商在加入直銷組織之前能獲得正確充分的訊息，以審慎評估是否加入直銷組織，多層次傳銷管理法第10條規定，直銷公司在直銷商參加直銷組織之前，應告知直銷商7款指定事項，不得有隱瞞、虛偽不實或引人錯誤之表示；同時第10條第2項也規

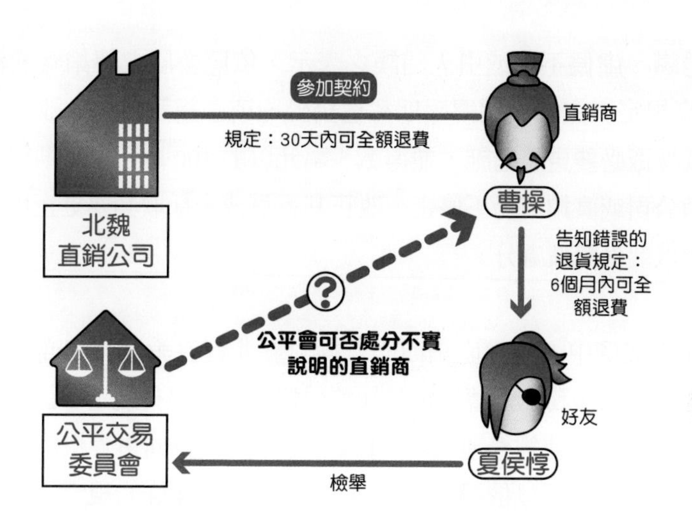

定直銷商在介紹他人參加直銷組織時，不得就這 7 款事項做虛偽不實或引人錯誤之表示。從第 10 條的文義可知，這 7 款事項都是直銷公司在招攬直銷商時必須主動告知的內容；直銷商雖然不必像直銷公司一樣需主動告知，但如果直銷商自己主動告知或是被他人詢問時，也一樣不得有隱瞞、不實陳述或造成他人誤解的表示。

爲了減少直銷公司與直銷商據實說明商品或服務在解釋與適用上的爭議，多層次傳銷管理法施行細則第 5 條特別說明，多層次傳銷管理法第 10 條第 1 項第 5 款所指的「商品或服務有關事項」，是指直銷公司的「商品或服務品項、價格、瑕疵擔保責任之內容及其他有關事項」。

如果直銷公司或直銷商在向他人介紹關於商品或服務之內容時，

有隱瞞、虛僞不實或引人錯誤之表示，依照多層次傳銷管理法第34條規定，主管機關得限期令直銷公司或直銷商停止、改正其行為或採取必要更正措施，並得處5萬元以上100萬元以下罰鍰；若直銷公司或直銷商仍不停止、改正其行爲或未採取必要更正措施，主管機關得繼續處分。

在本案例中，身爲直銷商的曹操對於北魏直銷公司的商品負有據實說明的義務，但曹操卻告知夏侯惇錯誤的退貨規定，因此曹操違反了多層次傳銷管理法第10條。如果夏侯惇向主管機關檢舉曹操，主管機關可以依據多層次傳銷管理法第34條的規定，對曹操爲行政處分。

法律小觀點

實務上直銷公司大多會將多層次傳銷管理法第10條應告知直銷商的事項，明訂在直銷公司的組織規範中，再於參加契約中寫上「本人已閱覽及了解事業手冊內容」等類似字句。

如果直銷商在參加契約上簽名，不論直銷商是否真的看過事業手冊，在法律上都會認為直銷商已了解了事業手冊的內容，也承認直銷公司已盡到據實告知的義務。因此事業手冊的內容雖然相當繁雜，但為了保障自己的權益，直銷商在簽屬參加契約前應確實閱覽過事業手冊。

Q 直銷公司或直銷商在分享成功案例時，可以使用誇張的言詞嗎？

A 分享不能虛偽不實或引人錯誤。

範例故事

曹操是北魏直銷公司的直銷商，想將好友張遼納入麾下已久。某日曹操騎著他大手筆租下市值 100 萬的千里駿馬前去找張遼飲酒，並滔滔不絕地描述自己是如何在短短 3 個月內月入百萬元，現在又擁有多少匹百萬駿馬⋯⋯。這些說詞果然成功地吸引張遼興趣，最終決定成爲曹操的下線。然而事實上曹操從加入北魏公司 1 年以來，最高收入也僅月入 10 萬，也還沒擁有任何一匹百萬駿馬。試問：曹操可以用這種誇大的言詞招攬下線嗎？

說明解析

爲了讓每一位直銷商都能在獲得正確充分的訊息，且審愼評估後做出加入直銷組織的決定，多層次傳銷管理法在第 10 條、第 11 條及第 12 條規定，直銷公司與直銷商在進行業務推廣及招募其他直銷商等行為時，負有據實揭露資訊、表明從事直銷行為及誠實說明

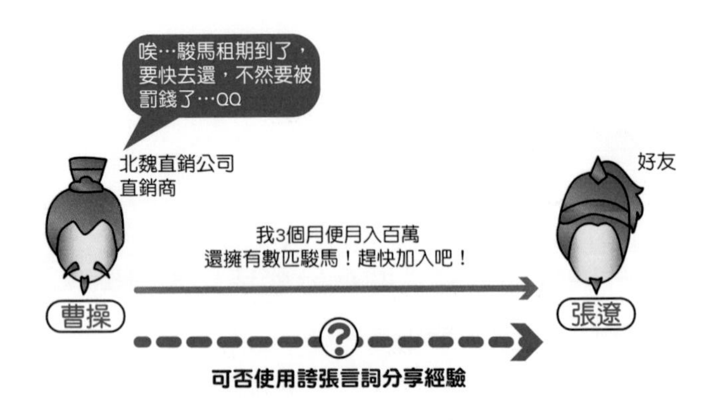

成功案例的義務。如果直銷公司或直銷商違反以上規定，依多層次傳銷管理法第 34 條規定，公平會得對違反的直銷公司或直銷商限期令停止、改正其行為或採取必要更正措施，並得處新臺幣 5 萬元以上 100 萬元以下罰鍰的行政處分。

直銷公司與直銷商應誠實說明成功案例的義務，規定在多層次傳銷管理法第 12 條：「多層次傳銷事業或傳銷商以成功案例之方式推廣、銷售商品或服務及介紹他人參加時，就該等案例進行期間、獲得利益及發展歷程等事實作示範者，不得有虛偽不實或引人錯誤之表示。」直銷公司與直銷商經常會藉由各種說明會、課程及訪問，介紹直銷公司的組織規劃、獎金制度、產品及直銷商的成功案例，以加強直銷商對於組織的認同度與吸引更多人加入直銷組織。其中成功案例往往最能打動人心，因此直銷公司或直銷商在說明時，通常會增加一些誇張的言詞來作為輔助。但為了避免直銷商及一般人被過於誇張甚至已達到虛偽不實程度的案例所誤導，或被說明內容屬實但表達方式卻引人錯誤的情形所蒙蔽，多層次傳銷管理法明訂，當直銷公司或直銷商藉由成功案例推廣、銷售商品或服務及介紹他人參加時，對於該等成功案例的進行期間、獲得利益及發展歷程等，都不可以有虛僞不實或引人錯誤的表示。

在本案例中，曹操以自己作爲成功案例招攬張遼，但不論是自己從事直銷的進行期間及獲得利益，曹操都對張遼做了虛僞不實的陳述，造成張遼對直銷不實的憧憬，因此曹操的行爲已違反了多層次傳銷管理法第 12 條誠實說明成功案例的義務。

法律小觀點

關於誠實說明成功案例義務的違法態樣，可參考公平會的行政處分紀錄，包括謊稱進行期間、謊稱獎金收入、謊稱銷售方式、謊稱投入成本、編造職稱聘級、轉載他人案例卻未查證該案例是否屬實（事後證明不實）等。

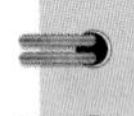

Q 直銷商可以向直銷公司申請變更推薦人嗎？

A 依各家直銷公司的規定。

範例故事

張魯是三國直銷公司的直銷商，推薦好友馬超成爲自己的下線。但漸漸地馬超發現張魯無法成就大業，也沒有足夠能力得協助自己成長。同時他也被同公司劉備的爲人豪爽及龐大的直銷團隊深深吸引，遂向三國公司申請變更推薦人爲劉備。試問：馬超可以向三國公司申請變更推薦人嗎？

說明解析

依照多層次傳銷管理法第 3 條對於「多層次傳銷」的定義，係指「傳銷商介紹他人參加，建立多層級組織以推廣、銷售商品或服務之行銷方式」，因此直銷商得因不斷的介紹他人成爲直銷商，逐漸累積自己的下線群，進而壯大自己的直銷團隊。這種以一個人爲基礎而不斷往下延伸的組織，就是直銷所稱的「線」。當直銷商想要脫離原本的「線」轉而加入其他直銷商的「線」時，就是俗稱的「換線」（亦稱轉線或跳線）。

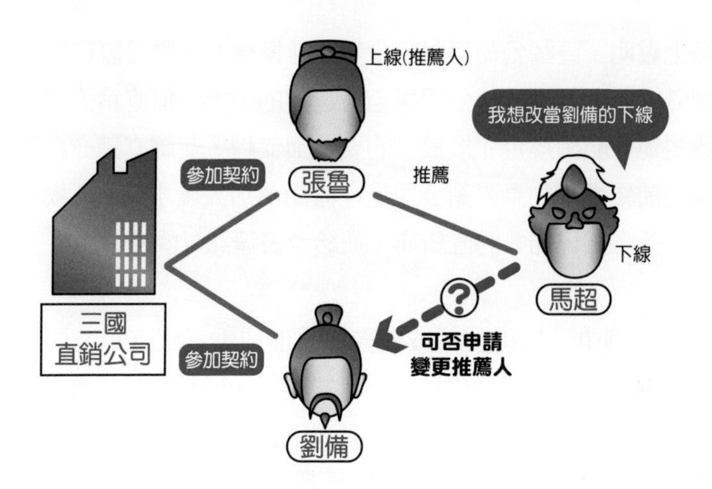

目前多層次傳銷法令中並沒有對「換線」進行定義與規定，因此是否允許「換線」，可以從兩個面向分析：

1. 依照「契約自由原則」，在不違反法律強制規定、公共秩序或善良風俗的前提下，任何人都可以自由決定與誰締約及締約內容。直銷商之所以能有直銷權，是因爲與直銷公司簽訂了參加契約，因此直銷商與直銷公司所簽訂的參加契約中，如果已經有「換線」的相關約定，則依照約定內容處理。
2. 若從直銷公司的經營管理與直銷組織的持續發展考量，「換線」將會改變原直銷組織、調動後組織的獎金計算及上線的聘階晉升，更可能導致直銷組織間的惡性競爭，對直銷公司與直銷商的發展皆有風險。然而原上、下線之間若已有所爭議而無法和平相處時，直銷公司似乎也不適宜完全排除「換線」的可能性。

綜上說明，直銷公司可以完全禁止「換線」，也可以在特定條件下例外開放，此為直銷公司可自行決定的政策。但直銷公司必須在組織規範中明確規定「換線」的要件與流程，並讓直銷商在簽訂參加契約前知悉。如果直銷公司是在直銷商加入後才訂定「換線」制度，也應告知已加入的直銷商，並給予表達意見的機會。

在本案例中，馬超因爲被張魯推薦而成爲三國直銷公司的直銷商，馬超與張魯也因此成爲上、下線關係。所以馬超如果想要將自己的推薦人從張魯變更爲劉備，須視三國公司是否設有「換線」制度而定，如果答案是可以的，則馬超須再依照三國公司關於「換線」的規定提出申請。

法律小觀點

由於「換線」將會影響原推薦人的聘階與下線組織群的規模，同時對直銷公司也是相當繁雜的行政事務，因此大多數直銷公司都訂有禁止變更推薦人的限制，即使允許變更，申請流程往往也相當繁複，甚至在規定上直接寫明公司不鼓勵變更推薦人等類似字句。

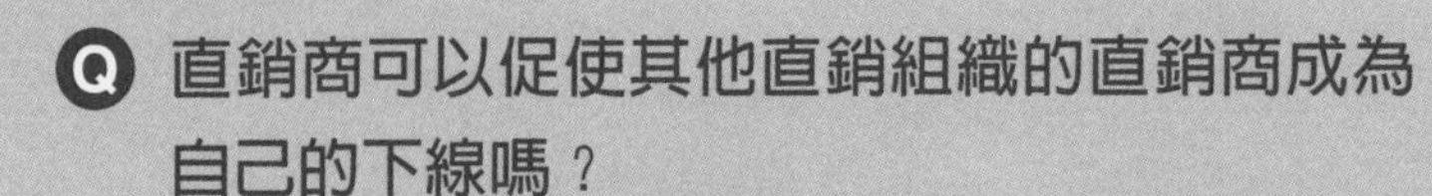

Q 直銷商可以促使其他直銷組織的直銷商成為自己的下線嗎？

A **直銷公司大多不允許，本書亦不建議允許。**

範例故事

曹操與劉備都是三國直銷公司的直銷商，曹操十分欣賞劉備的下線徐庶，「肖想」徐庶成爲自己的下線已久，但又怕明目張膽的拉攏徐庶會被檢舉「搶線」。於是曹操名義上派人長期奉養徐庶的母親，實質上是在監視徐母，徐母不明究理，以爲曹操是好人，多次修書要徐庶轉而成爲曹操的下線，孝順的徐庶只好忍痛向三國公司申請「換線」到曹操的直銷組織。試問：曹操可以用利誘等不當的手段，要求徐庶變更到自己的直銷組織嗎？

說明解析

關於直銷組織上的「線」已於 Q47 進行說明，當直銷商脫離原本的「線」轉而加入其他直銷商的「線」時，即爲俗稱的「換線」；但如果直銷商是透過各種手段促使其他直銷商離開原本的「線」，就是俗稱的「搶線」。

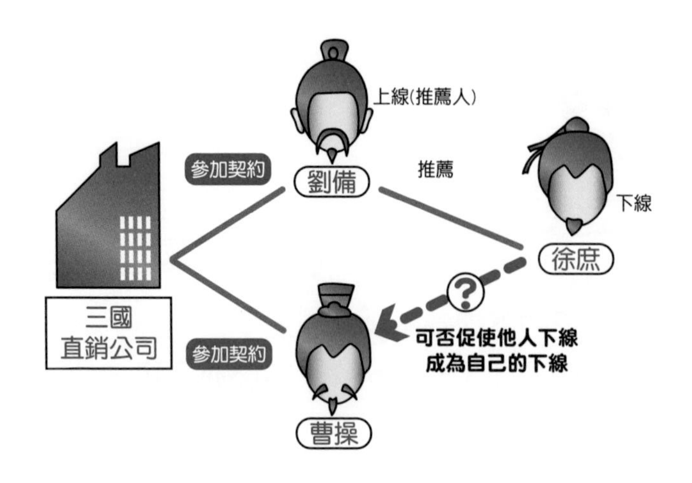

與「換線」一樣，目前多層次傳銷法令中並沒有對「搶線」進行定義與規定，因此「搶線」是否需要規範，原則上也是依各家直銷公司的規定處理；但由於「搶線」的行爲，以白話而言就是到別人家的地盤撒野，可以想見將會重大地破壞不同直銷團隊之間原本的和諧氣氛，所以直銷公司幾乎都明文禁止「搶線」，而且規定內容都非常地明確，不論直銷商是以直接或間接、親自或協助的方式慫恿、鼓勵、要求、影響或試圖說服其他直銷商脫離原本的直銷團隊，都是被禁止的行爲且會受到直銷公司的懲處。

直銷公司除了以明文禁止與懲處方式杜絕「搶線」外，另一個常見作法是增加「換線」的困難度。如果直銷公司允許「換線」，雖然有時沒有限制申請「換線」直銷商的資格，但是申請文件可能需要原直銷團隊上、下線的同意書，且須經過直銷公司的核准才能完成。換言之，直銷公司藉由嚴格的「換線」流程，來降低「搶線」的可能性發生。

在本案例中，可以看出三國直銷公司有禁止「搶線」的規定。因此曹操利誘徐庶離開劉備團隊的行爲，已經屬於「搶線」，曹操應受到三國公司的懲處。

法律小觀點

本篇案例故事中，徐庶會申請「換線」，是因為曹操先進行「搶線」，則曹操的行為自然會受到三國直銷公司的懲處。但如果徐庶是因跟劉備不合，執意要離開劉備的直銷團隊，這個「換線」的申請又要如何處理？

本書認為，「換線」可以協助解決上、下線因不和而分道揚鑣的情況，因此徐庶還是可以申請「換線」，但三國公司可以基於禁止「搶線」的規範目的，禁止徐庶變更到曹操的直銷團隊。

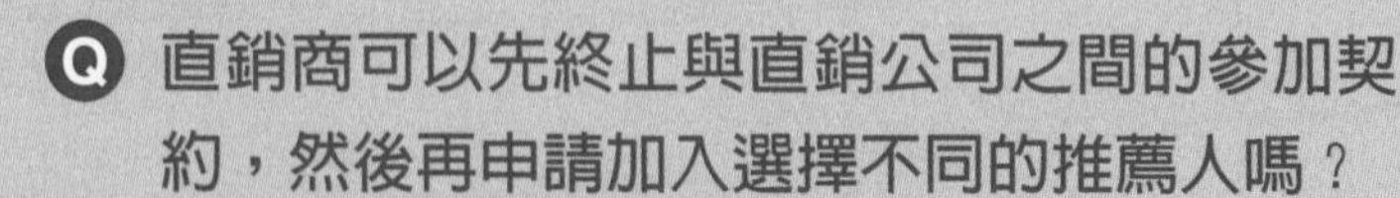

Q 直銷商可以先終止與直銷公司之間的參加契約，然後再申請加入選擇不同的推薦人嗎？

A 各家直銷公司通常都有限制規定。

範例故事

承 Q48，徐庶在曹操的要脅下向三國直銷公司申請變更到曹操的直銷組織，但三國直銷公司為了避免「搶線」的發生，訂定了嚴格的「換線」申請流程，包括直銷商「換線」必須得到三國公司的核准。於是曹操要徐庶先退出三國公司，一週後再重新申請加入，並由自己取代劉備，擔任徐庶的推薦人。試問：徐庶再次加入三國直銷股份有限公司時，可以將推薦人改成曹操嗎？

說明解析

本書在 Q48 曾說明，直銷公司通常會訂定嚴格的「換線」申請流程，除了杜絕「搶線」外，另外可以減少直銷商申請變更推薦人的頻率。但一山遠比一山高，若直銷商想規避「換線」手續的麻煩，也有可能先退出直銷組織，之後再重新申請加入，並在新的參加契約中選擇其他直銷商成為自己新的推薦人。因此為了防止這種

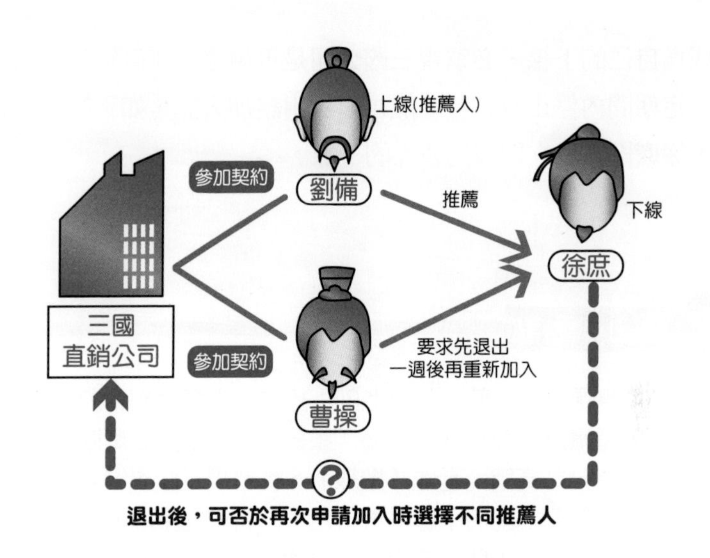

「假退出，真換線」的情形，有些直銷公司會規定，如果退出的直銷商要重新申請加入，必需在一定期間停止從事任何直銷後（通常是 6 個月），才能再重新申請加入新的直銷團隊。

直銷公司為了防止「搶線」和減少「換線」所做的規範，確實增加了想要「換線」直銷商的不少困擾。但如果直銷公司對於直銷商規避「換線」卻不進行規範，就會讓想「搶線」的直銷商很容易有漏洞可鑽。為了讓直銷公司與直銷組織經營管理得持續發展，直銷公司可以有類似的規定；但此規定一樣要明訂在直銷組織的規範中，並讓所屬直銷商確實知悉了解。

在本案例中，曹操要徐庶先退出三國直銷公司，一週後再重新申請加入，就是為了規避嚴格的「換線」申請流程。如此是否能讓徐庶成爲自己的下線，必須視三國公司是否規定：「直銷商退出後需在一定期間內停止直銷，才能再重新申請加入」，如果答案是肯定的，徐庶則不能立即成爲曹操的下線。

法律小觀點

直銷商變更推薦人時，如果他的下線也一併轉換到新的直銷團隊，這種情形，直銷界稱之為「搬線」，為解決這個問題，直銷公司若允許直銷商團隊「搬線」，也會規定必須得到下線的同意，直銷商才能將下線一併帶走。同時因為下線的離開會造成上線的損失，因此也要獲得上線的同意。當上線及下線都同意時，該位「換線」的直銷商才能跟下線一併轉換到新的直銷團隊。

Q 直銷商可以促使原本即將成為其他直銷商下線的人，轉而成為自己的下線嗎？

A 依各家直銷公司的規定。

範例故事

曹操是三國直銷公司的直銷商，看上另一位直銷商呂布的潛力下線張遼。張遼原本已經跟呂布口頭協議要成爲他的下線，但經過曹操私下多次的明示、暗示與利誘後，也被曹操日益壯大的直銷團隊所吸引，於是便接受曹操的推薦，正式成爲曹操的下線。試問：曹操可以在張遼已經答應要成爲呂布下線的情形下，積極招攬張遼成爲自己的下線嗎？

說明解析

關於直銷組織上的「線」，已於 Q47 進行說明。在實務上，如果直銷商在即將招攬到某位潛在下線的時候，該位潛在下線卻被同一間直銷公司的其他直銷商給半路攔截，此時不論半路攔截的直銷商主觀上是否知道有其他直銷商已經接觸這位潛在下線，都會構成「踩線」。

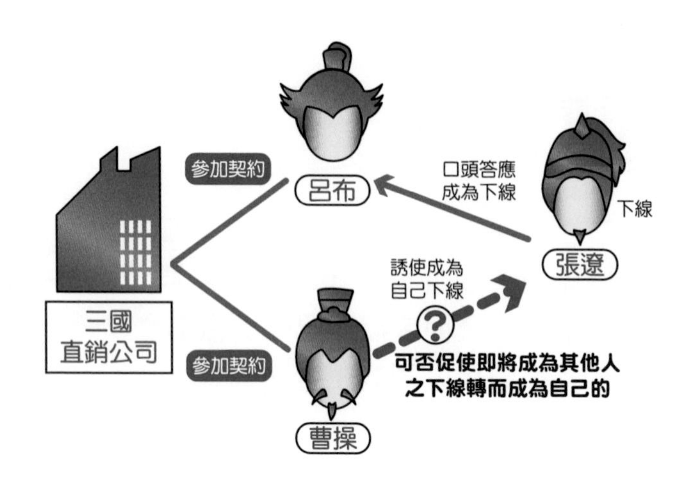

「踩線」與「換線」及「搶線」一樣，在目前的多層次傳銷管理法中並沒有相關的規定。因此是否允許「踩線」存在及應如何進行規範，才能讓直銷公司與直銷組織的經營管理持續發展？由於「踩線」是在直銷商即將成功推薦潛在下線時，潛在下線因其他直銷商的介入轉而成爲其他直銷商的下線。直銷公司如果允許直銷商之間可以「踩線」，將很容易造成直銷商之間的紛爭，對於直銷組織的發展與商品的推廣並不利，因此直銷公司有時會禁止「踩線」。

由於失去潛在下線的加入，連帶也會損失直銷商原本因爲增加下線而可能獲得的推薦獎金、商品購買差額，及未來可領取的組織獎金等利益。因此對於被「踩線」的直銷商來說，理論上可以向「踩線」的直銷商請求損害賠償，但實際請求上，卻會因賠償金額難以計算及舉證上的困難，而增加求償的難度。

在本案例中，張遼已經跟呂布口頭協議要成爲他的下線，最後卻在曹操從中作梗，轉而變心成爲曹操的下線，此時曹操的行爲已經屬於「踩線」。但在本案中曹操是否可以「踩線」，需視三國直銷公司對於「踩線」的規定，再予以進一步認定之。

關於換線、搶線、搬線、踩線之意義，以簡表說明如下：

類型	說明
換線	直銷商脫離原本的線，轉而加入其他直銷商的線。亦稱轉線、跳線。
搶線	直銷商透過各種手段促使其他直銷商離開原本的線，轉而加入其他直銷商的線。
搬線	直銷商變更推薦人時，將其下線一併轉換到新的直銷團隊。
踩線	直銷商在其他直銷商即將招攬到某位潛在下線時半路攔截，使該潛在直銷商成為自己的下線。

法律小觀點

大多數的直銷公司組織規範中似乎並沒有明確定義「踩線」及禁止「踩線」，原因可能是「踩線」難以具體定義及舉證，若進行規範反而可能產生更多問題。但不論直銷公司是否明文禁止「踩線」，實務上直銷商對於「踩線」的行為皆相當忌諱。

PART5

直銷公司及直銷商與消費者之權利義務

Q 直銷商可以主張自己是消費者，向直銷公司主張消費者保護法上的權利嗎？

A 依個案判斷後認定直銷商是自己使用，可以。

範例故事

關羽喜好薰香之氣，試用西蜀直銷公司的薰香精油後愛不釋手，為了取得 8 折購買產品的優惠，關羽在諸葛亮的推薦下，成為西蜀公司的直銷商。關羽購買精油使用 3 個月後，某日夜晚如同往常點燃精油，打算幫助自己一夜好眠，誰知精油突然發生爆炸，造成關羽嚴重燒傷，事後調查發現精油設計上有瑕疵。試問：關羽可以依據消費者保護法，向西蜀直銷公司主張權利嗎？

說明解析

本書於 Q5 曾說明，直銷商兼具經營者、管理者與消費者三種角色於一身，但這僅表示直銷商具有消費者的特性，直銷商能否主張消費者保護法上的權利，仍必須先檢視直銷商是否屬於消費者保護法上的「消費者」。

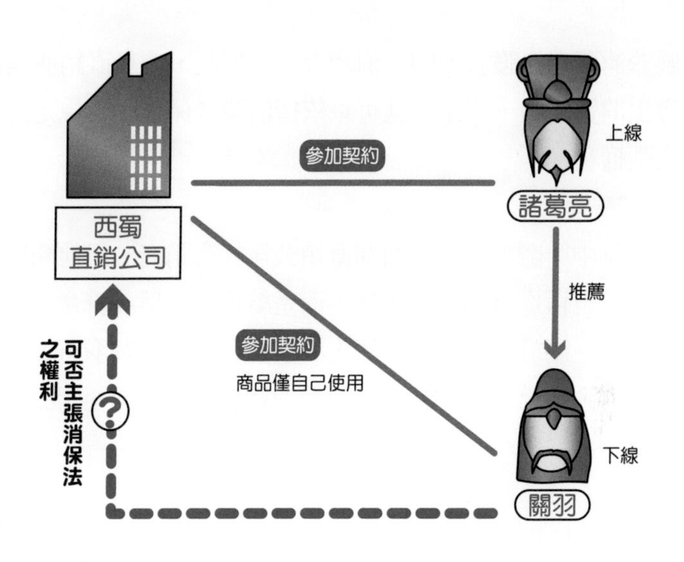

依據消費者保護法第 2 條的規定：「消費者：指以消費爲目的而爲交易、使用商品或接受服務者。」參照行政院消費者保護會的解釋，該款的「消費」是指商品不再用於生產或銷售的情形，也就是直銷商是「最終消費」商品的人時，直銷商才會是消費者；同時公平會也認爲，直銷商與消費者兩種身分並不相互排斥。綜合以上說明，目前實務傾向以個案判斷的方式認定直銷商是否爲消費者，即直銷商不再將商品用於生產或銷售時，直銷商就會是消費者保護法上的「消費者」，反之亦然。

直銷商雖然具有推廣商品、發展組織及輔導下線等權利義務，但實務上有些直銷商並不從事直銷行爲，或雖以直銷商的身分購買直銷產品，但部分商品是屬自己使用，因此當直銷商將產品留給自己使用沒有再進行生產或銷售時，直銷商就會符合「最終消費」的要件而屬於消費者保護法上的「消費者」，如此，一旦直銷商與直銷公司發生消費糾紛，直銷商就可以依據消費者保護法的規定向直銷公司主張權利。

在本案例中，關羽雖然是西蜀直銷公司的直銷商，但他購買薰香精油後並沒有再進行銷售或生產，而是給自己使用，符合「最終消費」的要件，屬於消費者保護法上的消費者。因此關羽可因為精油設計不當導致自己受傷的情形，依據消費者保護法向西蜀公司請求損害賠償。

法律小觀點

假若直銷商原本購買商品的目的係為了銷售，但因銷售不佳只好自己使用，使用後又因為商品的瑕疵造成損害，則此時直銷商可以主張自己是消費者嗎？

直銷實務上並不完全以直銷商購買商品的主觀目的來作判斷，而是以直銷商最終有沒有將商品做銷售或生產來作判斷，如果客觀上直銷商將商品留下自己使用，還是可以主張自己具有消費者身分，而受到消費者保護法的保護。

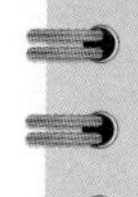

Q 直銷商是否為消費者保護法上的企業經營者？

A **直銷商若銷售商品即算是企業經營者。**

範例故事

諸葛亮因喜好西蜀直銷公司的薰香精油，遂成爲西蜀直銷公司的直銷商。張飛也喜愛薰香精油，爲了取得 8 折購買產品的優惠，在諸葛亮推薦下成爲了諸葛亮的下線，並向其購買精油；但諸葛亮一向不喜歡張飛，因此並沒有認眞教導張飛如何正確點燃精油。某日張飛按照諸葛亮教導的方式點燃精油，誰知此時精油發生爆炸，造成張飛嚴重燒傷。試問：張飛可以請求諸葛亮，依照消費者保護法的規定負責嗎？

說明解析

本書於 Q51 表示，當直銷商不再將商品用於生產或銷售時，直銷商就是消費者保護法上的「消費者」，反之亦然。但這並不代表直銷商不能同時具有消費者與經營者的身分，直銷商是可兼具經營者、管理者與消費者三種角色的。

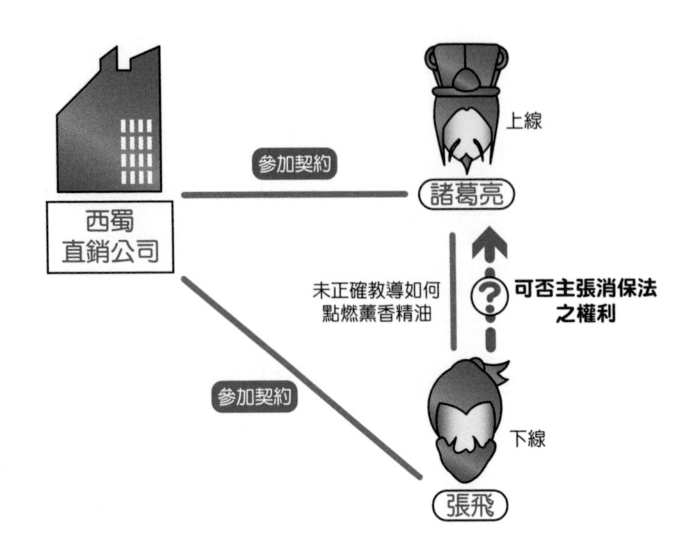

依照消費者保護法第2條的規定：「企業經營者：指以設計、生產、製造、輸入、經銷商品或提供服務爲營業者。」因此只要符合法定要件，不論自然人或法人，亦不論其是否已經合法登記或許可經營，只要有營業的事實，都是企業經營者。同時本書於Q5中也強調，直銷商具有經濟上與人格上的獨立性，需自行負擔銷售上的盈虧，且可自行決定採取何種推廣方式。因此不論個人直銷商或法人直銷商，當販售直銷公司商品或提供服務時，本身就是一個獨立的經營者；只有當直銷商沒有銷售或生產直銷公司的產品時，才得依個案判斷，直銷商此時是否爲消費者保護法所保護的消費者。

直銷商既然亦屬於消費者保護法中的企業經營者，當然就需遵守消費者保護法中企業經營者有關的義務。例如直銷商需依照消費者保護法第7條規定，確保銷售的商品或服務，符合當時科技或專業水準可合理期待的安全性。如果商品或服務具有危害消費者生命、身體、健康、財產的可能，即應於明顯處採行警告標示及緊急處理危險的適當方式，除非直銷商能證明自己並無過失，否則即應負擔上述之損害賠償責任。

在本案例中，諸葛亮販售薰香精油給張飛，符合消費者保護法對於企業經營者的定義，另精油係張飛購買後做爲自用，因此，張飛同時兼具直銷商與消費者的身分。綜上所述，諸葛亮爲消費者保護法中的企業經營者，張飛爲消費者保護法中的消費者，諸葛亮未盡到企業經營者防止、保護消費者陷於危險的義務，張飛得依消費者保護法的規定，請求諸葛亮負擔損害賠償責任。

法律小觀點

直銷商具有推廣商品、發展組織及領取獎勵等權利，這些權利並不會因為直銷商的不行使，就失去直銷商的身分。同理，當直銷商因為未販售商品或提供服務，即如企業呈現「暫時停業」狀態，也不代表直銷商就已不具有企業經營者的身分。

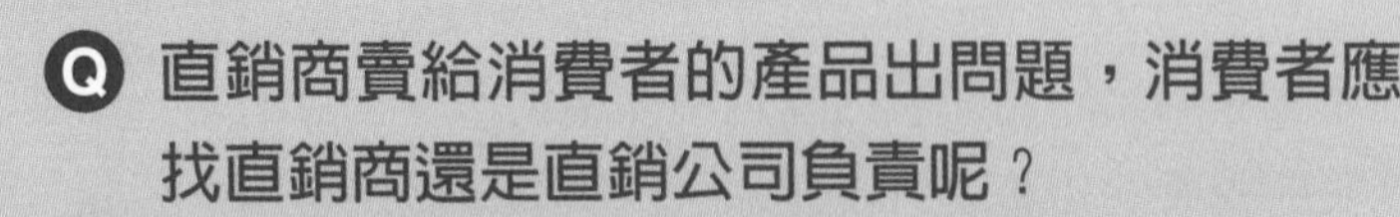

範例故事

諸葛亮因喜好西蜀直銷公司的薰香精油，遂成為西蜀公司的直銷商。司馬懿也喜愛薰香精油，但司馬懿素來不喜歡諸葛亮，因此拒絕成為諸葛亮的下線，改以西蜀公司消費會員的身分向諸葛亮購買產品。某日夜晚司馬懿想點燃精油，幫助自己一夜好眠，誰知此時精油發生爆炸，造成司馬懿嚴重燒傷。試問：司馬懿可以主張諸葛亮販售薰香精油給自己，因此要求諸葛亮與西蜀直銷公司一併對自己負責嗎？

說明解析

依消費者保護法第 7 條規定，從事設計、生產、製造商品或提供服務之企業經營者，應確保商品或服務符合當時科技或專業水準可合理期待的安全性；若商品或服務具有危害消費者生命、身體、

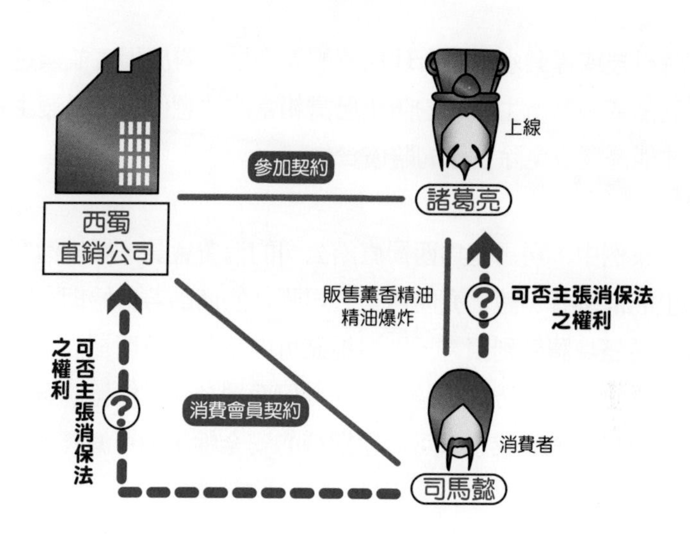

健康、財產的可能，也應於明顯處爲警告標示及緊急處理危險的方法。企業經營者違反前述規定，致發生損害於消費者或第三人時，應負連帶賠償責任。除了同法第 7 條關於連帶賠償責任的規定外，同法第 8 條第 1 項本文規定：「從事經銷之企業經營者，就商品或服務所生之損害，與設計、生產、製造商品或提供服務之企業經營者連帶負賠償責任。」第 8 條的規定，是將第 7 條從事設計、生產、製造商品或提供服務的企業經營者、同條從事經銷的企業經營者，及第 9 條輸入商品或服務的企業經營者，都納入了連帶賠償責任的範圍，讓消費者所受到的保護更加全面與周延。

直銷商與直銷公司皆為企業經營者，當直銷公司的商品造成消費者的損害時，直銷商與直銷公司將因商品取得方式的不同，依據不同的條文負起連帶賠償責任。除非直銷商或直銷公司能證明商品符合當時科技或專業水準可合理期待的安全性、對於損害並無過失，或對商品或服務所生損害的防止已盡相當的注意但仍不免發生損害時，才能減輕或免除自己的賠償責任。

在本案例中，司馬懿爲西蜀直銷公司的消費會員，屬於消費者保護法上的消費者。諸葛亮向西蜀公司購買的商品若自始即有問題而導致司馬懿身體受到損害，則司馬懿可向諸葛亮及西蜀公司主張消費者保護法上的連帶損害賠償責任，但西蜀公司若能證明薰香精油符合當時科技或專業水準可合理期待的安全性，則可減輕或免除賠償責任。

法律小觀點

消費者保護法第 7 條、第 8 條與第 9 條的規定，擴大了消費者因商品或服務受有損害時的求償對象，但這並不表示直銷公司，必須為直銷商銷售商品或提供服務時的所有違法行為連帶負責，該連帶責任之範圍僅限於「商品或服務所生之損害」。如果直銷商以誇大不實的內容介紹商品，導致消費者因錯誤使用產品而受有損害，則直銷公司自然無需連帶負責。

Q 直銷商跟上線購買後再轉賣給下線的產品，如果造成下線的損害，則直銷商應該找上線還是直銷公司負責呢？

A 可要求上線負責，主張上線有物之瑕疵擔保責任。

範例故事

諸葛亮是西蜀直銷公司的直銷商，諸葛亮爲了業績，將其眼中釘司馬懿納爲其下線直銷商；司馬懿豐沛的購買力的確讓諸葛亮增加不少銷量，但也因購買量過大造成西蜀公司的產品——薰香精油短缺，而公告暫停取貨。領不到貨的司馬懿暴跳如雷，要求上線諸葛亮協助處理，無奈的諸葛亮只好將手上僅存的一箱精油轉賣給司馬懿，想不到該箱精油因存放過久產生品質瑕疵，導致司馬懿的多位消費者使用時發生爆炸而受傷。試問：對於消費者因薰香精油爆炸所產生的損害，司馬懿應該找諸葛亮還是西蜀直銷公司負責？

說明解析

通常直銷商需要商品時，會以自己的身分向直銷公司購買商品；

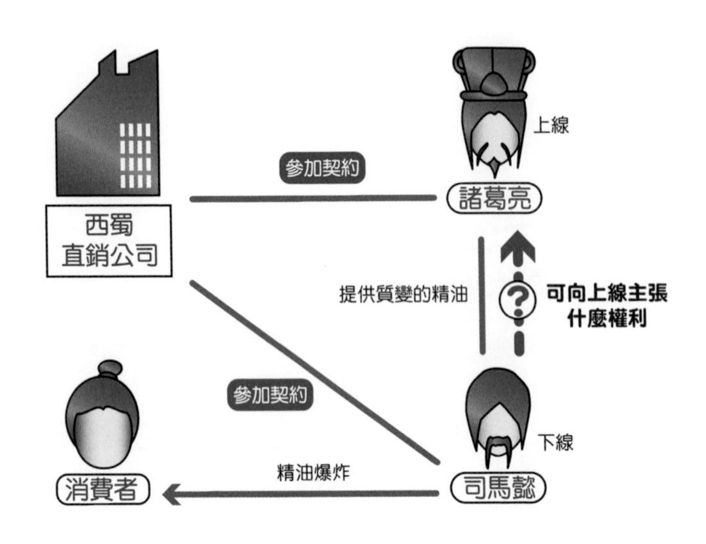

但有時因爲商品數量缺貨、或其他原因，直銷商會轉向上線購買商品，此時若上線提供的商品有瑕疵，導致直銷商受到損害，直銷商應該向上線或直銷公司請求損害賠償？這個問題會因直銷商係屬於消費者或經營者身分使用該瑕疵商品，而有不同的結果。

若直銷商向上線購買商品後係自己使用，則此時直銷商為使用產品的「消費者」，其與上線之間的商品瑕疵爭議應依照消費者保護法規定處理，並且上線與直銷公司對該下線直銷商負有連帶責任（可參考 Q53 的說明）。

但如果直銷商向上線購買產品後，繼續將產品銷售給其他直銷商或消費者，則由於直銷商並未屬於產品的「最終消費」者，故直銷商無法主張依據消費者保護法處理商品瑕疵問題。此時直銷商應回歸民法買賣契約的規定，向商品的出賣人（即上線）主張物之瑕疵擔保責任（因上線自己商品保存過期），並請求出賣人給付消費者因所受損害而向自己追討的損害賠償費用；上線則無法再依此向直銷公司主張物之瑕疵擔保的責任，因爲商品瑕疵發生在上線。

在本案例中，司馬懿將諸葛亮轉賣的薰香精油再銷售給消費者，因此司馬懿並非消費者，並無法對諸葛亮轉賣的瑕疵薰香精油，主張消費者保護法的適用，因此，應回歸民法買賣契約之規定，向出賣人諸葛亮請求物之瑕疵擔保責任，並要求諸葛亮給付消費者對自己追討的損害賠償費用。

法律小觀點

當直銷商向直銷公司購買產品供自己使用時，雙方不僅成立民法的買賣契約關係，也會成立消費者保護法的消費關係。假若往後雙方因為商品的問題產生糾紛，基於特別法優於普通法的原則，直銷商應優先適用消費者保護法，向直銷公司主張損害賠償。

Q 直銷商違法蒐集個人資料時，直銷公司是否要負連帶責任？

A **如果直銷商蒐集個人資料是受直銷公司委託，則直銷公司要負連帶責任。**

範例故事

董卓是三國直銷公司的直銷商，招攬呂布成為自己的下線，在請呂布填寫參加契約時，呂布對於要填寫許多個人資料感到不安，經董卓說明是三國公司做為未來發放獎金和管理直銷組織使用後，呂布才放心填寫參加契約，並交由董卓完成送件手續。但沒想到董卓為了還積欠的賭債，私自將呂布的個人資料賣給詐騙集團作為人頭帳戶。呂布雖然發現帳戶中有不明的資金流動，但以為這些資金是三國公司提供的獎金，直到警方上門才發現事態嚴重。試問：對於董卓將呂布的個人資料賣給詐騙集團作為人頭帳戶的行為，呂布可以要求三國直銷公司負連帶責任嗎？

說明解析

依據個人資料保護法的規定，非公務機關對於個人資料的蒐集、

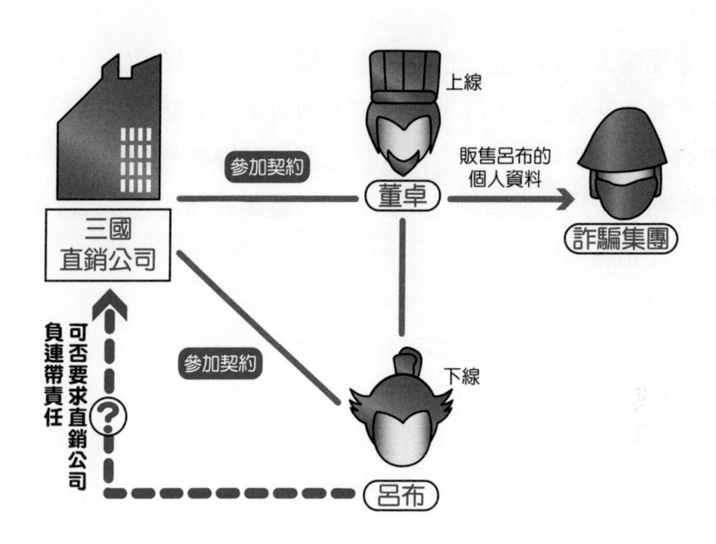

處理或利用，如果有違反個人資料保護法的情事，須負民事上的損害賠償責任、刑事上的有期徒刑或罰金，或被行政主管機關課處罰鍰。這裡所指違反個人資料保護法的情事，包括但不限於：

1. 未告知當事人蒐集個人資料的目的。
2. 非基於與當事人之間契約或類似契約的關係，且未採取適當的安全措施，即進行一般個人資料的蒐集或處理。
3. 未在蒐集一般個人資料的必要範圍內利用個人資料。

直銷公司與直銷商皆屬於個人資料保護法中所指的「非公務機關」，因此直銷公司與直銷商蒐集、處理或利用其他直銷商與消費者的個人資料時，必須遵守個人資料保護法的規定；若有違反，則需負擔相關的民事、刑事或行政責任。但是當直銷商違法蒐集、處理或利用其他直銷商與消費者的個人資料時，直銷公司是否要一同負擔違反個人資料保護法的責任？依據同法第4條規定：「受公務機關或非公務機關委託蒐集、處理或利用個人資料者，於本法適用範圍內，視同委託機關。」因此如果直銷商蒐集、處理或利用個人資料的行為，是基於直銷公司的委託，直銷公司就必須與直銷商一同擔負起相關責任。

在本案例中，呂布會在參加契約上提供自己的個人資料，是因爲三國直銷公司有發放獎金和管理直銷組織的需要，符合個人資料保護法中非公務機關蒐集個人資料的規定。但董卓藉由協助加入之便取得呂布的個人資料，私自賣給詐騙集團的行爲，則已經構成違法蒐集、處理及利用他人個人資料的情形，而三國公司並未委託董卓「處理或利用」直銷商的個人資料，故三國公司不需要就董卓違反個人資料保護法的行爲負責。

法律小觀點

由於病歷、醫療、基因、性生活、健康檢查及犯罪前科等個人資料具有高度的個人隱私，在個人資料保護法中受到嚴格的保護，除非有法定的例外情形，否則原則上不得蒐集、處理及利用；相較於姓名、出生年月日、國民身分證統一編號、護照號碼、特徵、指紋、婚姻、家庭、教育、職業、聯絡方式、財務情況、社會活動及其他得以直接或間接方式識別個人之資料，明顯受到較嚴格的保護程度。

PART6
直銷權之轉讓、繼承

Q 我能轉讓直銷權嗎？

A **視公司規定，不過直銷公司宜允許直銷權在財產性顯露時得為轉讓。**

範例故事

年邁的曹操擔心熱愛文學的曹植未來沒有事業可以經營，因而有意將自己在北魏直銷公司的直銷權轉讓予曹植，由曹植接手他的直銷組織。然而，北魏公司表示，依公司營業守則規定，直銷商不得轉讓直銷權，因此拒絕曹操的要求，曹操不久後便抑鬱而終。試問：直銷權能不能轉讓？如何規定較爲妥當？

說明解析

直銷權是直銷商運作參加契約的結果，故參加契約乃隨同直銷權轉讓，直銷權能否轉讓主要須視參加契約是否具有屬人性。所謂契約具屬人性，是指這份契約相當注重當事人間彼此認識，且彼此之間具有一定程度之信賴關係。因此，在這一類型的契約中，原則上不能變更當事人，因為一旦當事人變更，上述的信賴關係——即契

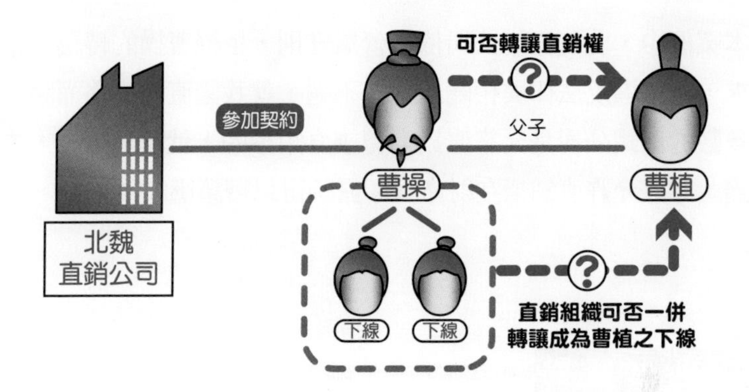

約的核心、基礎，也就不復存在。所以，若注重參加契約屬人性的這一個面向，則參加契約理論上是不得轉讓的。

然而，也有人認爲直銷權並不是自始自終都只有屬人性，當直銷商依參加契約將直銷組織發展到一定程度時，直銷權反而會顯露其「財產性」，此時規定直銷權不得轉讓似乎就不是很有道理。直銷權的「財產性」顯露是指，直銷商能依據參加契約所賦予的：

1. 參加多層次傳銷事業，推廣、銷售商品或服務的權利。
2. 介紹他人參加及因被介紹之人爲推廣、銷售商品或服務等權利，來逐步發展組織。

隨著組織發展，下線加入產生的佣金利益、推廣銷售產品或服務的利益，以及團隊獎金的利益也將越來越多，直銷商基於參加契約，獲得越來越多的經濟利益之浮現，此即為直銷權的財產性顯露。基於上述說明，由於我國直銷法律對此並無相關規定，允許或不允許直銷商轉讓直銷權，都不會有法律上的違反。

本案例中，北魏直銷公司依其營業守則，拒絕曹操的轉讓直銷權要求，並無違反法律與相關規定；不過，就我國直銷實務而論，絕大多數的直銷公司是允許直銷商轉讓直銷權的；就學理來說，本書認爲，亦以允許直銷權在財產性顯露時得以轉讓應較爲妥當。

法律小觀點

契約屬人性的議題不僅出現在參加契約中，以民法「有名契約」中的僱傭、承攬與委任契約為例，委任與僱傭契約皆相當重視「人」的屬性及當事人間的信賴關係，故屬人性較高，原則上較不能變更當事人；承攬契約則注重工作的完成，屬人性較低。

Q 直銷公司可否規定直銷商需具備一定的資格才可以轉讓直銷權？

A 可以。

範例故事

曹操逝世後，北魏直銷公司指定很會經營直銷的曹丕來承接曹操的直銷位置，並將營業守則的規定改為：「階級在『高級將領』以下之直銷商使可轉讓直銷權」。試問：北魏直銷公司可否規定轉讓人資格？如何規定較為妥當？

說明解析

直銷公司能否規定直銷商需具備一定資格始可轉讓直銷權？我國直銷相關法令對此未設有規範，不過就直銷實務運作狀況而言，依據本書粗略的統計，約有 7 成比例的直銷公司，是沒有設定轉讓資格的；換言之，在這些沒有設定轉讓資格的直銷公司中，直銷商不論階級、不論業績如何，原則上經公司同意後都可以轉讓直銷權。

不過，不少直銷公司會要求以直銷商的階級、業績或其他資格作爲轉讓的限制。例如，有直銷公司要求轉讓者需具備經理級以上之身分，或同時兼具業績，或者要求直銷商必須於加入該公司一定期間後，始得轉讓直銷權。

就能否設定轉讓資格這個問題，各公司固然可依其政策、業務方向或經營策略，設不同的資格限制（或不設限制），但本書認爲，基於直銷權兼具屬人性及財產性的特徵，應待直銷權顯露其財產性後，始得轉讓，較為妥當，具體資格可能是直銷商需達一定業績、一定獎銜等。同時，基於這樣的邏輯，本書也不贊同公司規定直銷商達一定資格後反而不得轉讓，因爲這樣可能會使有心經營的直銷商，擔憂未來會無法轉讓，反而不願把組織擴大，這樣的規定將實有礙於直銷商加入直銷公司或發展直銷組織之意願。

本案例中，北魏直銷公司規定：「『高級將領』以下之直銷商使可轉讓直銷權」，可能會阻礙其直銷商拓展組織的意願，故此規定不論就實務面或學理上來說，本書認爲並不妥當，但就法律上而言，公司若要如此規定，則亦無不可。

法律小觀點

本書統計業界常見的轉讓人資格限制，約可分為以下五類：

轉讓人資格類型	營業守則相關規定
業績須達一定標準	直銷商業績需達 3,600 積分單位，且小組業績要達 300,000 積分單位
挑戰期間	直銷商個人 6 個月內累積業績達 90,000 元、3 個月內整組業績達 60 萬元
帶領一定組織	直銷商應能帶領 2 至 3 個次階獎銜的直銷商
組織穩定	直銷商在扣除最強一條下線的分數後，小組累積之業績仍能在 45,000 積分單位以上
經營一定期間	直銷商應於加入 6 個月後始能轉讓參加契約

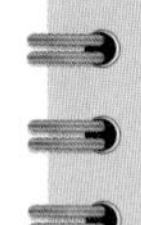

Q 直銷公司可以規定直銷權只能轉讓給符合一定資格的人嗎？

A **直銷公司宜對直銷權的受讓人資格做出規範。**

範例故事

曹丕在一統家族的直銷事業後，即成爲北魏直銷公司最高階級的直銷商。然而，最近有一個曹丕的高階下線想要將他的直銷權轉讓給一個毫無直銷經驗的無名小卒，曹丕認爲，由毫無經驗的人來領導組織必將拖累他整組的業績，因而考慮說服北魏公司修改營業守則，規定直銷權只能轉讓給符合一定資格的人。試問：北魏直銷公司可否限制直銷權受讓人的資格？

說明解析

我國直銷法令對於「直銷公司能否規定直銷權只能轉讓給符合一定資格的人」，無明文規定，也就是說，直銷公司能自由決定是否規定受讓人資格。然而，直銷公司是否「宜」規定受讓人資格呢？就我國直銷實務而言，有規定受讓人資格的直銷公司並不太多，但從有此規定的公司營業守則來看，「受讓人資格」可粗略分爲以下幾種：

1. 需為該公司之現行直銷商。
2. 需為非該公司之現行直銷商。
3. 要求一定親屬關係。
4. 受讓人需接受教育訓練。

上述這幾種類型並非互斥關係，而是可以相互組合。因此，受讓人資格該如何規定，即有多種可能。然而，何種規定較為妥當呢？本書認為，對於直銷組織而言，最期望的莫過於組織能穩健發展，換言之，受讓人的「個人領導能力」、「維持組織業績的能力」將是重點，此點也呼應了直銷權是從「屬人性」出發，並顯露「財產性」的觀點，因為即便直銷權於組織發展達一定程度後顯露財產性，但個人的能力及組織彼此間之信賴關係，在直銷組織關係中仍不可抹滅，直銷權的屬人性質也不會完全消失。所以，在眾多受讓人資格的規範內，本書認為「教育訓練」是一重要的項目，而且直銷公司宜規定受讓人應先通過教育訓練，才可以受讓直銷權，如此才能保障直銷組織得以穩健地運作，並兼顧直銷權的財產性及屬人性質。

本案例的情形，曹丕的建議是有理由的，因他擔心的問題便是：由毫無經驗的人帶領組織，是否會拖累整個組織？所以，如果能規定受讓人需具備一定資格，甚至需參加並通過教育訓練，則較能確保直銷組織的穩健發展。

法律小觀點

在直銷實務上，把通過教育訓練當作受讓人資格的作法有兩種：一種是把教育訓練當作「核准條件」，即受讓人需先通過教育訓練，才可以受讓直銷權；另一種則是把教育訓練當作「撤銷條件」，也就是受讓人先受讓直銷權，之後才參加教育訓練、並予以考核，但若受讓人之後沒通過教育訓練，則撤銷其受讓。兩種不同做法之示意圖如下：

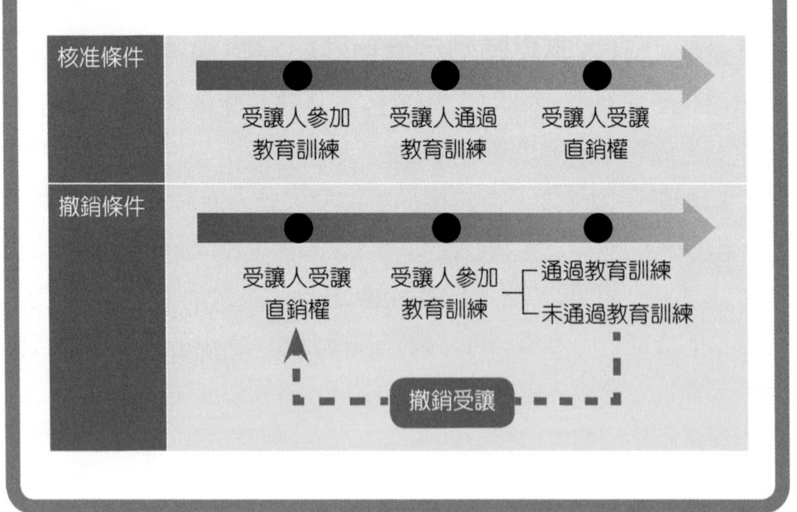

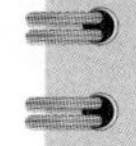

Q 直銷權能不能繼承？

A 直銷公司宜允許參加契約在財產性顯露時得為繼承。

範例故事

劉備爲西蜀直銷公司的創始直銷商，可惜在一次前往荊州的直銷商獎勵旅遊中遭遇意外，英年早逝。由於劉備過世的突然，並未安排任何後事，其子劉禪遂向西蜀公司申請繼承劉備的直銷組織，但西蜀公司表示依據《西蜀直銷兵法》規定，直銷權不得繼承，拒絕劉禪的繼承申請。試問：劉禪能不能繼承劉備的直銷權呢？

說明解析

所謂的直銷權繼承，是指直銷商死亡後，其所形成的直銷組織能否由繼承人繼承。所以直銷權的繼承，原則上是直銷權轉讓的一種型態，只不過是以直銷商死亡作爲轉讓發生的條件。

直銷權能不能繼承，可參Q56「直銷權能不能轉讓」相同的說明：我們如果著重直銷權據以發展的參加契約所具備之屬人性，也就是

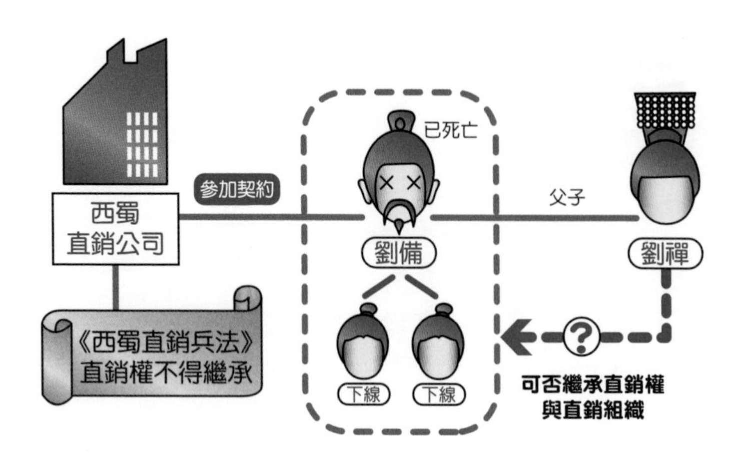

契約當事人間對於彼此有所認識，並且存在一定程度的信任關係的觀點，原則上一方死亡，契約關係即告終止。

當然，在「直銷權能不能轉讓」的探討中，我們也提到了，有人認爲當參加契約在財產性顯露時應該得以轉讓；相同的，這在「直銷權能不能繼承」的議題中也有著相同考量，也就是說，當直銷商依據參加契約所發展的組織逐步茁壯時，團隊獎金的利益將越來越多，直銷商基於參加契約所獲得的經濟利益也越來越大，此時參加契約的財產性顯露，已不僅僅是一個屬人性契約，此時強硬要求參加契約不得繼承，似乎不是很有道理。

所以，允許直銷商的直銷權可以繼承，原則上沒問題；然而，由於臺灣直銷法律規範對此並無相關規定，如同直銷公司規定直銷權不得轉讓，亦未有法律的違反，所以直銷權能否繼承？還是應該回頭看直銷公司的規定，但就學理來說，還是以允許直銷權所依附的參加契約在財產性顯露時得以繼承應較為妥當。

本案例中，西蜀直銷公司在《西蜀直銷兵法》中規定直銷權不得繼承，此時公司不准劉禪繼承，是可以的。

法律小觀點

原則上，參加契約在財產性顯露時得以繼承，但如果直銷公司規定禁止繼承參加契約，則繼承人就不能繼承參加契約。

Q 直銷商於生前向直銷公司預立承受計畫書，選擇其過世後的直銷權承受人，有什麼注意事項？

A 應該要取得承受人及直銷公司的同意。

範例故事

西蜀直銷公司近日決定變更《西蜀直銷兵法》規定，使直銷商死亡後可以由他人承受，並且同意直銷商可以在生前預作接班計畫，向公司預立承受計畫書。劉備知道後，便向西蜀公司表示，過世後希望由兒子劉禪作為直銷權承受人，但因為兒子尚年幼，故要求西蜀公司不得向任何人洩漏此事，包括劉禪本人在內；西蜀直銷公司表示同意也確實沒有向任何人提起。試問：如果這時候劉備過世，劉禪可否承受劉備的參加契約？

說明解析

直銷公司如果同意直銷商的參加契約於直銷商死亡後可以由他人承受，則直銷公司、直銷商可以透過怎麼樣的方式來協助承受事項呢？由於被預訂的承受人有時並無承受的意思，或者被預訂的承受

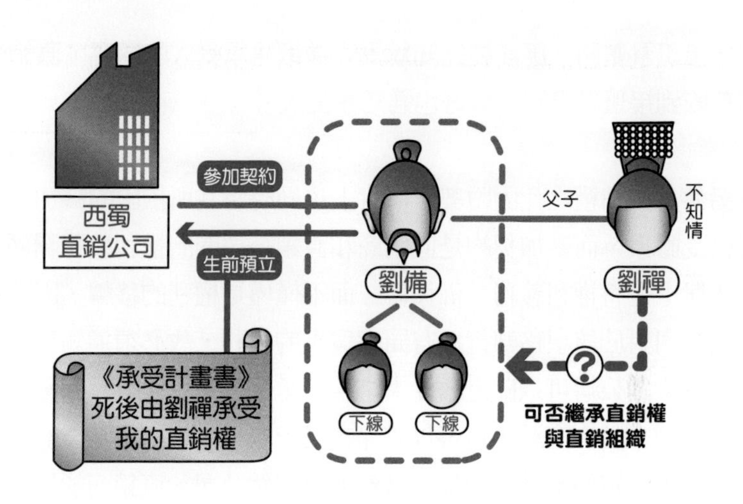

人不知道自己被預訂為承受人，像這類情形可能導致直銷商死亡時還是一片混亂，所以參加契約如果約定直銷商死亡後可以由他人承受的，多會有相關配套措施。

部分直銷公司於參加契約約定可以承受直銷權，並且要求直銷商預作接班計畫，作成類似接班計畫人、承受計畫書等文件，以預定自己死後的直銷權承受人，這個接班計畫或承受計畫書在法律上的定性叫作「死因贈與」，意思就是直銷商以自己的死亡作為條件，當條件成就時也就是直銷商死亡時，直銷權由預定承受人承受。

由於死因贈與是一個贈與契約，贈與契約在法律規範上是一個雙務契約，也就是須由贈與人、受贈人雙方同意這個贈與契約後，贈與契約始有效成立，如果受贈人不知道自己受贈，此時雙方在贈與的意思上沒有達到一致，原則上贈與契約是無效的；所以直銷商在預作接班計畫時，應該要通知承受人並取得承受人的同意，直銷公司在收到接班計畫時，最好也通知承受人。

另外，直銷權之死因贈與，事實上也同時將其所依附的參加契約轉給受贈人，而參加契約是直銷商和直銷公司間的權利義務關係，在法律上是將權利義務一併移轉，而不僅僅是權利的移轉，因此，直銷公司對於該項移轉行爲有同意與否的權利，故必須通知直銷公司，讓直銷公司可以確定承受人是否有承受意思、是否具備承受組織的能力；其次直銷商也可以確保自己死亡後，組織確實依照自己的意思由預定的承受人承受，當然如果直銷公司、直銷商能夠協助承受人融入並了解組織，在直銷商過世時，組織就不會呈現混亂或空窗期。本案例中，如果劉禪完全不知道自己被劉備指定爲承受人，這樣的死因贈與契約是有可能被認定爲無效的。

關於直銷權之移轉，本篇（PART 6）會用到下列用語，於此先以表格予以說明：

用語	說明
轉讓	指直銷商與第三人達成協議，將直銷權移轉予該第三人。
繼承	指於直銷商死亡後，直銷權移轉予直銷商所屬之繼承人，如配偶、直系血親卑親屬或父母等。
承受	指直銷商於生前預立「死因贈與契約書」，以直銷商死亡為條件，將直銷權移轉予第三人。由於死因贈與之移轉方式與上述轉讓、繼承皆不相同，因此本書另以「承受」稱之。

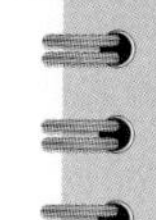

Q 直銷商預立遺囑由某位繼承人繼承，全體繼承人可否一致同意改由另一位繼承人繼承？

A 原則上應尊重遺囑內容。

範例故事

曹操子嗣甚多，爲了避免家族鬥爭，曹操年邁後，未向三國直銷公司預立承受計畫書，而是以遺囑的方式指定嫡長子曹丕繼承參加契約。試問，曹操過世後，曹操的繼承人可否以全體繼承人（含曹丕）同意的方式，違背遺囑，改以嫡三子曹植繼承參加契約？

說明解析

遺囑是一種直銷商安排自己身後事常用到的方式，基於直銷商對於自己生前的權利義務應該有自由安排的權利，法律規範上，不同遺囑方式有不同的要件，只要符合相關要件，例如遺囑人應該自己書寫、或是應該要有見證人見證、或是遺囑人於公證人前公證遺囑等，遺囑就算是有效成立，原則上應該尊重直銷商的意思，依據遺囑內容執行遺囑。

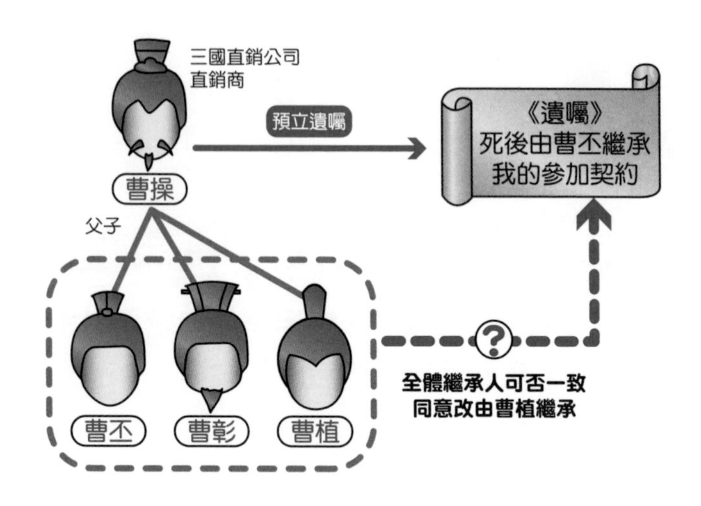

會有本案例這樣的問題是因為，原本被指定繼承的嫡長子曹丕是受利益人，理當是對於變更遺囑內容最可能表示反對意見的人，但連曹丕都同意變更遺囑，而且其他繼承人均沒有異議時，這時候似乎沒有什麼不可變更的道理。遺囑人曹操對於自己的權利義務，有自主決定的權利，所以也應該受到尊重，畢竟這些被繼承的事項，都是遺囑人生前努力所換來的，這時應該要怎麼處理？

實務上，大部分的見解是基於尊重遺囑人生前處分的意思，而認為繼承人不得以全體繼承人同意的方式，違反遺囑內容另外作成繼承人自己的協議；但也有少部分見解認為，全體繼承如果經過全體一致同意時，繼承人既然自願承受也自願承擔這樣的結果，則繼承人另行作成自己的分割協議，並無不可。所以直銷商如果想要確保自己的參加契約確實依照自己的意思由特定人承受，那麼直銷商應該要事先規劃，或者事先了解特定人或相關人繼承的意願。

案例中，大部分的實務見解會認爲曹操的遺囑應該受到尊重，故嫡長子曹丕應繼承參加契約；但也少部分見解會認爲全體繼承人同意後變更，另作成繼承協議也是可行，故嫡三子曹植是可以繼承曹操的參加契約。

法律小觀點

1. 遺囑是遺囑人對於自己身前的權利義務作成處分的意思，原則上應予尊重。
2. 不論何人繼承直銷權，都需經過直銷公司同意。

Q 參加契約的轉讓或繼承是否須經直銷公司的核准？

A 直銷公司有核准與否之權利。

範例故事

西蜀直銷公司爲表彰業績最爲勇猛的五位直銷商，設有五虎將的直銷商獎銜，目前由關羽、張飛、趙雲、馬超、黃忠 5 位直銷商領有此獎銜。關羽大意失荊州後，意興闌珊，決定向西蜀公司申請由兒子關平受讓其直銷權，西蜀公司要求關平應接受教育訓練，並通關具備五虎將資格的考核後，始准許關平繼受五虎將直銷權。請問西蜀直銷公司的要求，是否有理由？

說明解析

參加契約是一個「雙務契約」，也就是直銷公司與直銷商間彼此互相享有權利、互相負擔義務。雙方作爲契約簽訂的主體，直銷商可以選擇理想的直銷公司加入，直銷公司也可選擇讓理想的直銷商加入，在契約關係裡，雙方要選擇什麼對象與自己締約之權利是公平且對等的。

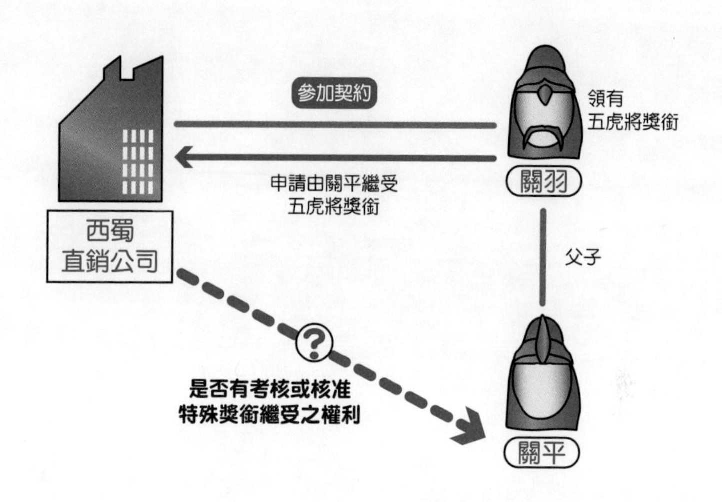

直銷商對直銷公司享有請求獎金等利益，直銷公司也對直銷商享有銷售利潤等利益，所以直銷公司爲了確保受讓人如同原本經營的直銷商具備相同的履約能力，理應可以對受讓人的履約能力加以審核，進而准許、或不准許受讓人的承受該直銷權。這在高階獎銜的直銷權受讓上，尤其突顯重要，畢竟高階獎銜直銷商對直銷公司而言，代表著一定的銷售業績及對外的招牌，如果受讓人沒有能力帶領高階獎銜直銷商的組織，該組織在受讓人受讓後反而逐漸凋零，此並非直銷產業樂見之事。

基於上述契約當事人有選擇與誰締約之自由、及履約當事人的重要性，參加契約的轉讓或繼承，直銷公司應能加以審核，此涉及到契約雙方當事人的權利義務關係，並不是直銷商單方面能夠決定的事項。案例中，西蜀直銷公司審核關平是否具備「如同關羽履行五虎將直銷商」的資格、要求關平接受教育訓練，通過具備五虎將資格的考核，是合理的。

Q&A

PART 7

直銷商之退出與退貨

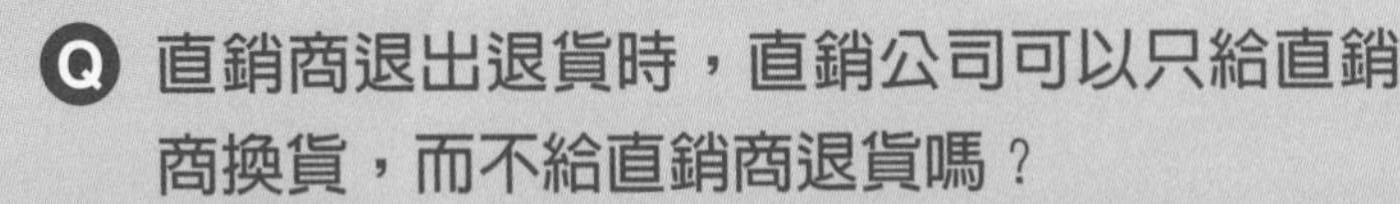

Q 直銷商退出退貨時，直銷公司可以只給直銷商換貨，而不給直銷商退貨嗎？

A 不可以，退出退貨屬直銷商法定權益，不容許直銷公司以其他方式規避法定買回義務。

範例故事

劉備在朋友諸葛亮的介紹下參加西蜀直銷公司，但沒想到參加一個半月後，因個性木訥無法適應直銷「面對面、人對人」的行銷模式，於是便向西蜀公司終止參加契約，並就手上剩餘商品「還我漂漂軟膏」數組向公司申請退貨，然而承辦人員卻向劉備表示：「本公司貨既售出，僅供換貨，不得退貨」，劉備十分生氣，換貨對他來說並無實益，他只想要退貨換錢。試問：西蜀直銷公司可以只給劉備換貨嗎？

說明解析

直銷商可能因親戚朋友介紹，一時衝動而參加直銷，因此爲了使直銷商於訂定參加契約後，能有重新檢討參加與否的機會，多層次傳銷管理法第 20 條賦予直銷商自訂定參加契約日起算 30 日内，得不具任何理由的以「書面」向直銷公司解除契約或終止契約的權利，而直銷公司應於解除契約或終止契約生效隔日起算 30 日內，接受直銷商退貨申請、受領退貨。另除非有同法第 20 條第 3、4 項「法定扣除項目」之情形。否則應返還給直銷商退貨商品原購價金「全額」及其他已給付給直銷公司的費用。

另外，縱使超過了 30 日「猶豫期間」，直銷商仍可不具任何理由以書面單方終止契約，並同時申請退貨，但是較「猶豫期間」內終止契約或解除契約不同的是：如果持有商品自可提領之日起已逾 6 個月者，不得退貨（同法第 21 條第 1 項但書），且直銷公司也只會以原購商品價格 90% 買回直銷商持有的商品（同法第 21 條第 2 項），而如果在符合同法第 21 條第 3、4 項「法定扣除項目」下，直銷公司也可以再行扣除買回商品減損之價值、該項交易直銷商所得獎金或取回商品所生運費。

上述規定，是法律加諸給直銷公司的義務，用以保障直銷商的權益，換句話說，直銷商在法律規定下，可以「無條件」行使解除、終止契約及退出退貨權利，並沒有容許直銷公司以契約規避的餘地，實務上曾有直銷公司於直銷商退出退貨之際，協商以「換貨」取代「退貨買回」，而被主管機關認定爲違法的前例（註）。至於如果退貨商品已經使用過，或有其他減損價值的情況，則是屬於直銷公司是否能在直銷商退出退貨後，對於返還商品價額扣除「法定扣除項目」的問題，並非代表直銷公司可以不接受直銷商退出退貨。

本案例中，劉備於猶豫期間 30 日後始退出西蜀直銷公司，仍不影響其退出退貨的權益，西蜀公司須依法接受劉備的退出退貨，不得以「換貨」方式規避其法定的「存貨買回義務」。

退出時間	猶豫期間 30 日內	猶豫期間 30 日後
退出方式	解除契約或終止契約	終止契約
退貨買回商品	直銷公司原價 100% 買回、返還加入費用	原價 90% 買回
法定扣除項目	1. 該項交易所得獎金 2. 可歸責於直銷商事由致商品毀損滅失價值 3. 直銷公司取回商品運費	1. 該項交易所得獎金 2. 商品價值有減損 3. 直銷公司取回商品運費
服務準用商品規範	準用	除無 6 個月退貨期限外，其餘均準用。

法律小觀點

直銷公司的營業項目若是「服務」，除了猶豫期間後退出退貨，沒有 6 個月退貨期限外，其餘均準用商品的退出退貨規範（多層次傳銷管理法第 24 條）。

（註） 參照公平會 94 年 12 月 2 日（94）公處字第 094128 號處分書。

Q 加入直銷公司已逾 6 個月，但一開始向直銷公司所買的產品都賣不出去，我決定不做直銷了，此時還能向直銷公司辦理退貨嗎？

A 不行。

範例故事

關羽對西蜀直銷公司的商品——「將士披風」十分有興趣，於是立刻加入西蜀公司，並購買了 24 件披風，其中 1 件是自用，其餘皆拿來銷售。怎料，關羽自拿到商品 6 個多月以來，不僅未見披風的神奇功效，剩下的 23 件產品也只賣了 3 件。關羽覺得自己一定是上當受騙，因此打算退出西蜀公司，並將賣不出去的 20 件披風辦理退貨。試問：關羽領取商品超過 6 個月後，還能辦理退貨嗎？

說明解析

在 Q63 中，本書已經分別介紹直銷商在猶豫期間（簽訂參加契約 30 日）內與猶豫期間後不同的退出退貨權利。然而，直銷商退出退貨是否受有一定期間的限制呢？還是不論簽約後歷時多久，直銷商都能夠退出退貨？

依據多層次傳銷管理法第 21 條第 1 項及其但書：「傳銷商於前條第 1 項期間經過後，仍得隨時以書面終止契約，退出多層次傳銷計畫或組織，並要求退貨。但其所持有商品自可提領之日起算已逾 6 個月者，不得要求退貨。」換句話說，直銷商持有商品的時間如果超過「自商品可提領之日起算 6 個月」，直銷商在退出時就無法辦理退貨。

本案例直銷商關羽提領商品已超過 6 個月，因此，依據多層次傳銷管理法第 21 條第 1 項規定，關羽雖然可以不附理由退出直銷公司、不再做直銷商，但他賣不出去的 20 件「將士披風」商品，不得辦理退貨。

法律小觀點

若直銷商購買的是「服務」，依多層次傳銷管理法第 24 條規定，則不受「需於 6 個月內退貨」的限制。受 6 個月退貨限制的只有「商品」。

Q 直銷公司規定直銷商，在參加契約存續期間所買的商品可以退貨，但沒有規定退貨期限，這代表隨時都可以退貨嗎？

A 建議直銷公司明訂退貨期限，但在未規定的情況下，退貨期限以 6 個月為合理。

範例故事

趙雲參加西蜀直銷公司時，公司商品羽扇、綸巾相當熱銷，所以趙雲向公司各買 5 箱來銷售，並租了倉庫來存放。怎料，這些商品很快就退了流行，導致趙雲還有約 9 成的商品沒有賣掉，堆在倉庫裡已近一年了。趙雲不堪倉儲租金的損失，在翻閱西蜀直銷公司的營業守則《西蜀直銷兵法》後，發現於「換退貨規則」章節中，有「直銷商可以退貨」的規定，但卻沒有退貨期限，因此他打算把賣不出去的貨全部退給西蜀公司。試問：西蜀直銷公司無退貨時間限制，這表示不論趙雲將商品放多久，都可以辦理退貨嗎？

說明解析

Q63 中，我們所提到的多層次傳銷管理法第 20、21 條規定，是在直銷商退出直銷公司時一併辦理退貨的情形，也就是直銷商「退出退貨」的型態，才有適用空間。至於直銷商如果還在參加契約存續期間內，是否能夠退貨？多層次傳銷管理法並無明文規範，也就是說，直銷公司欲如何規範直銷商退貨事項，原則上是屬契約自由的範疇。

如果直銷公司規定「直銷商可以退貨」，卻沒有規定退貨期限，這樣難道不會使直銷公司不堪其擾嗎？其實不會，雖然多層次傳銷管理法只規範直銷商「退出退貨」的情形，但該法第 21 條第 1 項但書規定：「其所持有商品自可提領之日起算已逾六個月者，不得要求退貨。」按照「舉重以明輕」的法理，既然直銷商於退出退貨的情形下，都會受到 6 個月退貨期限的限制，那直銷商還在參加契約存續期間所辦理的退貨，也應該受到 6 個月退貨期限的限制；否則，如果沒有退貨期限的限制，直銷商豈不是可以藉由在參加契約有效期限內先辦理退貨，退完貨後再退出直銷公司，進而架空立法上爲了避免雙方終止契約後因結算期不穩定，而明訂的退出退貨時商品退貨 6 個月期間限制？

上述「舉重以明輕」是屬於法理上的推演，卻未必能適用到每一個個案當中。因此，本書認爲，直銷公司如果想要對直銷商退貨事項進行規範，建議仍應明文規定退貨的期限，以避免因無退貨期限而衍生相關爭議。

法律小觀點

直銷商是否屬於消費者保護法中的「消費者」，而享有通訊或訪問交易時，7日無條件退貨解約的權利？

學說、實務認為，如果直銷商是屬於以「最終消費」（自用，而非銷售）為目的而消費，即屬消保法中的「消費者」。因此，當直銷商是以自用為目的時，為不與法律規定（消保法）扞格，直銷公司也不宜訂過短的退貨期限。

Q 直銷公司可否規定：直銷商在參加契約存續期間內，不得退貨，只能以商品有瑕疵為由辦理換貨？

A **原則上直銷公司有權這樣規定，且事實上多數直銷公司也都是如此規定。**

範例故事

馬超在參加西蜀直銷公司時買了 20 把「基本款」羽扇，1 個月後賣出 15 把，但公司後來又推出新的「強化款」羽扇，具有夜間螢光功能，馬超覺得強化款比較有賣點，因此想以「舊換新」爲理由，把剩下的 5 把基本款羽扇換成強化款；然而，西蜀公司卻以營業守則《西蜀直銷兵法》已經規定了「售出商品不得退貨，只能在商品有瑕疵時才能辦理換貨」爲理由，拒絕馬超「舊換新」的貨申請。試問：西蜀直銷公司可以規定，不得退貨，而僅能以商品有瑕疵爲由辦理換貨嗎？

說明解析

同 Q65 說明，直銷商在未退出直銷公司的情況下，能否向直銷

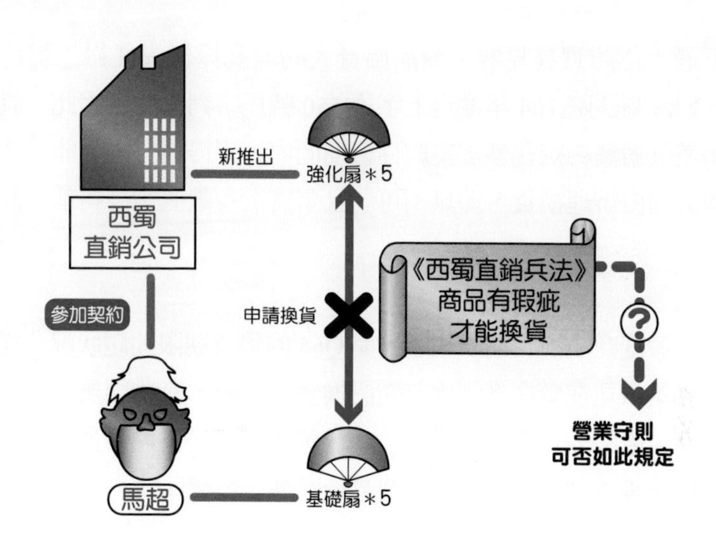

公司辦理退換貨，多層次傳銷管理法也並無明文。本案例情況，由於直銷商與直銷公司間仍存在參加契約，相關權利義務應循契約條款來解決，在不牴觸其他法律規定的前提下，原則上屬於直銷商與直銷公司間的契約自由。

而關於參加契約存續中的直銷商退換貨事宜，法律上可能會有什麼規定呢？民法規定：商品出賣人負有物之瑕疵擔保責任，只要商品有瑕疵，買受人有依民法第 356 條規定從速檢查商品並將瑕疵通知出賣人，買受人原則上即有權利解除買賣契約（即退貨）、或請求減少價金；如果是種類買賣物的情況下，例如超商販售的可樂等「可替換之物」，則買受人也可以即時請求另行交付無瑕疵之物（即換貨）。

不過，依照實務見解，商品出賣人的瑕疵擔保責任得以契約排除（如最高法院 104 年度台上字第 550 號民事判決）。因此，直銷公司與直銷商約定在參加契約存續期間內，不得退貨，只能以商品有瑕疵為由辦理換貨，即無不可，且事實上多數直銷公司都如此規定。

至於瑕疵商品換貨期限問題，與 Q65 的退貨期限問題狀況一樣，有些直銷公司在營業守則內有明訂換貨的期限，有些則無，因此本書建議，直銷公司有關換貨期限，仍應詳定，至於期限長短，則可參酌民法等規定後合理約定，使直銷商權益較獲保障。

在本案例中，西蜀直銷公司規定馬超不得退貨，而僅有在商品有瑕疵時才能換貨，因為屬於契約自由的範疇，既然雙方已經同意，所以西蜀公司可以依此規定，拒絕趙雲非「更換瑕疵品」而是「舊換新」的換貨申請。

Q 直銷公司在我退出退貨時，扣除刷卡手續費、行政作業費等，合理嗎？

A 不合理，因直銷公司只能依法定扣除項目為扣除，逾越法定扣除範圍則屬違法。

範例故事

馬超是西蜀直銷公司的直銷商，而西蜀公司的商品是一系列的線上教學教材，馬超覺得線上英語教學課程很有賣點，便以信用卡刷卡方式購買數套。然而天有不測風雲，3 個月後家鄉母親病重，馬超欲回家照顧母親，於是向西蜀公司申請退出，並就尚未出售的教學課程做退貨，但西蜀公司卻通知馬超，退貨返還款項除了要先按原購價格扣除 10% 後，還要再扣除 5% 信用卡刷退手續費及處理退貨的行政作業費 1,000 元，馬超聽了差點沒昏倒。試問：西蜀直銷公司的行爲合理嗎？

說明解析

在 Q63 中，我們已說明，直銷商加入直銷行列後隨時可退出，但在 30 日猶豫期間內退出，直銷公司必須全額返還直銷商退貨商

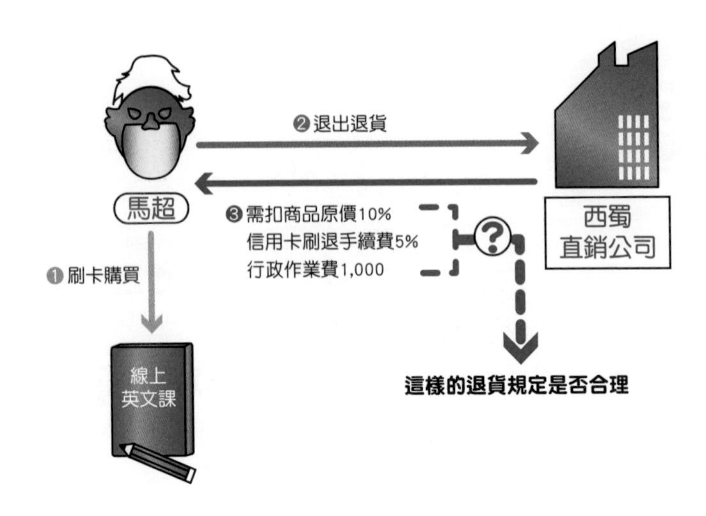

品原購價金，以及其他給付給直銷公司的費用。惟例外直銷公司可扣除的情形如下：

1. 因「可歸責」於直銷商事由致商品毀損滅失的價值。
2. 因該進貨對該直銷商已給付獎金或報酬：此獎金或報酬可自返還直銷商的款項中扣除。
3. 由直銷公司自行取回該退貨之運費。

至於在 30 日猶豫期間過後才退出的情形，直銷公司得以原購價格 90% 買回直銷商所持有之商品，且可以扣除取回的商品價值之減損或上述 2.、3. 點之法定扣除項目。除此之外，直銷公司不得再巧立任何名目扣除其他費用，否則就是違法的。

實務上過去卻發生直銷公司扣除刷卡（刷退）手續費、送件費、行政程序費用等，藉此想要減少直銷商退貨應退的商品款項。對此，公平會處分書表示(註)：辦理參加人解除契約、終止契約時，扣除刷卡（刷退）手續費、運費、收件中心收件費、上線獎金、手續費、帳戶管理費、倉儲保管費等，都不是法定扣除項目，若予以扣除或收取其他費用，都將構成違法。

本案例中，西蜀直銷公司在馬超退出退貨的時候，扣除10%原購價格後，又扣除「5%信用卡刷退手續費」及處理退貨的「行政作業費1,000元」，並不屬於法定扣除項目，故西蜀公司行為已經違法。

法律小觀點

直銷公司不得在直銷商退出退貨時，向該退出之直銷商要求扣除發給其上線的獎金，因為法律規定只能扣除該退貨直銷商「因該進貨」而自直銷公司受領的獎金或報酬，且多層次傳銷管理法施行細則第7條也規範「僅限於該退貨直銷商本人」，不及上線或其他直銷商因而所領的獎金，直銷公司應另向上線追回獎金，而不得向該退貨直銷商要求。

(註) 公平會90年12月4日（90）公處字第198號處分書、95年5月5日（95）公處字第095049號處分書、95年9月11日（95）公處字第095134號處分書、103年6月5日（103）公處字第103070號處分書、105年3月3日（105）公處字第105016號處分書等。

Q 商品減損價值該怎麼算？

A **是直銷商退出退貨的法定扣除項目，計算上應該要斟酌買回的商品（服務）本身是否確實發生「功能性耗損」或「交易價值的貶損」而為具體認定。**

範例故事

關羽是西蜀直銷公司的直銷商，爲能保障自己的權益，於是經常研讀公司的營業守則，但卻無法理解退貨章節有關「商品減損價值」的計算規定：「以購貨天數做計算：一、退貨商品未拆封者：30 日至 60 日，減損 25%；61 日至 90 日者，減損 50%；91 日至 120 日者，減損 75%；121 日以上，減損 100%。二、退貨商品已拆封者，30 日至 60 日，減損 50%；61 日至 90 日者，減損 75%；91 日以上，減損 100%。」之計算基礎爲何，因此便去找同公司智力滿檔的直銷商——諸葛亮，請他幫忙解惑。試問，諸葛亮該怎麼回答商品減損價值如何計算之問題呢？

說明解析

商品減損價值最重要的爭議，在於如何計算商品「減損」了多少「價値」，目前公平會認爲，減損多少價值要依據各種不同商品特性而論，例如：食品如果保存期限爲 1 年，直銷商購買 2 個月後辦理終止契約退出退貨，直銷公司主張要扣除 20% 至 30% 的減損，此時公平會並不會介入，但是如果直銷公司主張要扣除 85% 的減損，就可能會違法了。

若沒有保存期限之商品，其減損價值爲何？公平會在 81 年 7 月 25 日（81）公研釋字第 030 號函釋，及 81 年 9 月 29 日（81）第 040 號函表示：「應斟酌該商品之交易上特性與功能性，如一般交易上均認爲該商品已無交易上之價值或已喪失其應有之功能者，應屬本款可扣除之範圍。」從上述函釋可知，商品減損價值的計算，應該要斟酌買回商品本身，是否確實發生「功能性耗損」或「交易價值的貶損」為具體認定，並得由直銷公司與直銷商間於合理範圍內自行約定。

不過要提醒的是，直銷公司與直銷商間關於商品價值減損標準的約定，是為直銷公司報備時的報備事項，不容退出退貨後再加以約定，這要加以注意。

法律小觀點

「服務」也有商品價值減損的問題，實務上有用「已使用的服務價值」或「直銷公司因提供服務而發生的成本」來計算，但因「服務」的無形商品特性，計算方式較複雜，目前主管機關尚未有統一看法及明確標準。

Q 直銷公司在我申請退出退貨時，主張應扣除因此所生之違約金、損害賠償，合理嗎？

A 不合理，直銷公司不得請求參加契約之解除或終止所受的損害賠償或違約金，若商品（服務）是由第三人所提供，也應該自行吸收損害賠償或違約金。

範例故事

東吳直銷公司與「種花電信」合作「代辦門號服務」，直銷商須以申辦手機門號的方式加入東吳公司，並同時與東吳公司簽訂參加契約及與「種花電信」簽訂手機門號租用契約。魯肅覺得此類服務十分新奇，便依上述方式申辦了「種花電信」手機門號，成為東吳公司之直銷商。2 個月後，市場反應不好，魯肅萌生退意，於是向東吳公司終止契約後提出退貨申請，怎料東吳公司卻跟他說，除了須扣退貨商品原購價之 10% 外，根據參加契約附約，申辦門號 60 日後辦理退貨，須負 2,000 元的違約金；另外，「種花電信」門號服務若提早解約，依照手機門號租用契約，要再支付 10,000 元的違約金，這些都要扣除。試問，東吳直銷公司在魯肅申請退出退貨時，主張的上述扣除事項，合理嗎？

說明解析

爲避免直銷公司在直銷商行使法定退出退貨權利時，利用大筆違約金或其他損害賠償等不合理的條件影響直銷商之權利，多層次傳銷管理法第 22 條第 1 項規定：「傳銷商依前二條規定行使解除權或終止權時，多層次傳銷事業不得向傳銷商請求因該契約解除或終止所受之損害賠償或違約金。」使直銷商不論在「猶豫期間」內或之後，都可不用擔心因爲行使其退出退貨權利，而受到任何損害。

另外，實務上也常見直銷公司與第三人合作、異業代銷，進而提供商品或服務，以作爲直銷公司營業項目的情況，如本案例與電信業者的合作，爲了避免直銷公司規避法定的退出退貨之買回義務，多層次傳銷管理法第 22 條第 2 項規定：「傳銷商品係由第三人提供者，傳銷商依前二條規定行使解除權或終止權時，多層次傳銷事業應依前二條規定辦理退貨及買回，並負擔傳銷商因該交易契約解

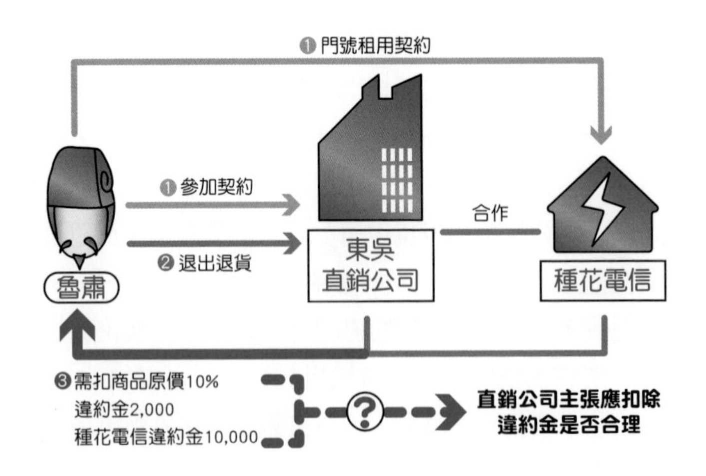

除或終止所生之損害賠償或違約金。」簡單來說，就是直銷公司與第三人異業合作、代銷，或由第三人提供商品或服務的情況下，直銷商若提出退出退貨申請，直銷公司要自行吸收因直銷商退出而產生損害賠償或違約金。

因此在本案例中，東吳直銷公司不能向魯肅主張要再給付 2,000 元的違約金；另外，雖然門號租用服務是由「種花電信」所提供，東吳直銷公司也要自行負擔提早解約的 10,000 元違約金，不得將此轉嫁予魯肅，以規避其退出退貨的義務。

法律小觀點

實務上，直銷公司扣除直銷商退貨返還價值的名目不勝枚舉，公平會認為，這時候應判斷這些名目「是否屬於法定扣除項目」。

Q 直銷公司可以要求直銷商退出時，須檢具購貨發票才能辦理退貨嗎？

A 若是「不當阻撓退貨」的作法，不可以。

範例故事

趙雲在大學畢業後，參加西蜀直銷公司成爲直銷商，但在事業蒸蒸日上之際，接獲長兄過世消息，使趙雲萌生退意，想要返鄉照顧年邁父母，於是以書面向西蜀公司表示終止契約，並就手上剩餘未售出的商品，向西蜀公司申請退貨，然而西蜀直銷公司卻以趙雲未檢附進貨時之發票，拒絕趙雲之退貨申請；這下連號稱「一身是膽」的趙雲都急了，因當初進貨的發票他全捐給慈善機構了，一張都沒有留存。試問：西蜀直銷公司可以要求退出退貨時一定要檢附發票嗎？

說明解析

爲避免直銷公司於直銷商辦理退出退貨之際，附加一些不合理條件，規避直銷公司法定的退貨買回義務，多層次傳銷管理法第 23 條第 1 項規定：「禁止直銷公司以不當方式阻撓直銷商依多層次傳

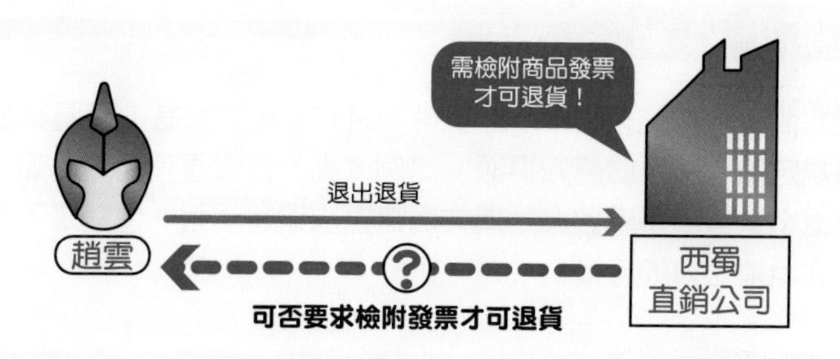

銷管理法規定辦理退貨。」以充分保障直銷商退貨權益及防範變質多層次傳銷，所以若直銷商向直銷公司主張解除或終止契約時，直銷公司原則上並無拒絕之權利，亦不可附加不合理條件。

公平會94年3月4日（94）公處字094020號處分書、臺北高等行政法院94年訴字第3009號判決也進一步表示：如果直銷公司於直銷商退出退貨時，以「直銷商未檢附發票」、「要求推薦人出面協調」，或是「要求直銷商簽立承諾書、誓約書」等理由，拒絕直銷商退貨時，原則上就屬於以不當方式阻撓直銷商退貨情形。

當然，是否屬於「不當」方式阻撓退貨，仍須視其拒絕退貨理由做實質判斷，以本案例而言，若西蜀直銷公司要求趙雲退貨時須檢附發票，是因爲查無趙雲向公司購買該批商品，就不屬於以「不當」方式阻撓退貨；但若西蜀公司明明有電腦資料可以查詢到該批訂貨，卻一味以「凡申請退貨，皆要檢附發票」規定要求趙雲，則有被認定屬於「不當」方式阻撓退貨的可能。

法律小觀點

臺北高等行政法院 97 年訴字第 1541 號判決認為，若直銷公司規定的「商品價值減損額」比例太高，會讓直銷商認為如行使退出退貨，將導致過鉅損失而無退出退貨誘因，也是屬不當方式阻撓退貨的態樣。

Q 上線直銷商幫忙代購商品後，要求我撕毀購貨發票，導致我退出直銷公司時無法退貨，上線直銷商有違法嗎？

A 上線直銷商行為若構成不當阻撓退貨，則有違法。

範例故事

西蜀直銷公司的直銷商關羽，平時都是請上線直銷商劉備協助訂貨，而每次劉備拿到發票後，都以「要想成功就不要侷限於眼前訂貨」等看似激勵關羽的話語，要求他當場撕毀發票，並說若不撕毀發票，下次便不幫他訂貨。關羽因敬重劉備且有求於他，便將發票撕毀。後來關羽欲另投靠獎金制度較優的北魏直銷公司，而向西蜀公司提出「退出退貨」時，被西蜀公司以未檢具購貨發票而拒絕退貨，關羽漲紅著臉去質問劉備，劉備心虛的向關羽坦承：因擔心關羽行使退出退貨，將會使自己的獎金被公司追回，才施此下策。試問：上線直銷商劉備的行爲是否違法？

說明解析

由於直銷的特性，就是直銷商除了靠自己推廣、銷售之營業額取得報酬外，還可以取得下線直銷商銷售營業額中一定比例的經濟利益，也因此當下線直銷商行使退出退貨權利，並請求直銷公司依法買回其所持有之產品時，通常直銷公司不僅會向退出的直銷商請求返還該退貨產品先前所生之獎金報酬，也會對上線直銷商追討因該筆退貨產品而受有的獎金報酬。

由此可知，上、下線直銷商間實際上是具有極高度經濟上利害關係，也因此會出現上線直銷商為了避免下線直銷商行使退出退貨，導致自己獎金、報酬遭直銷公司溯及追回，而竭盡全力阻撓下線直銷商退貨的情況發生。

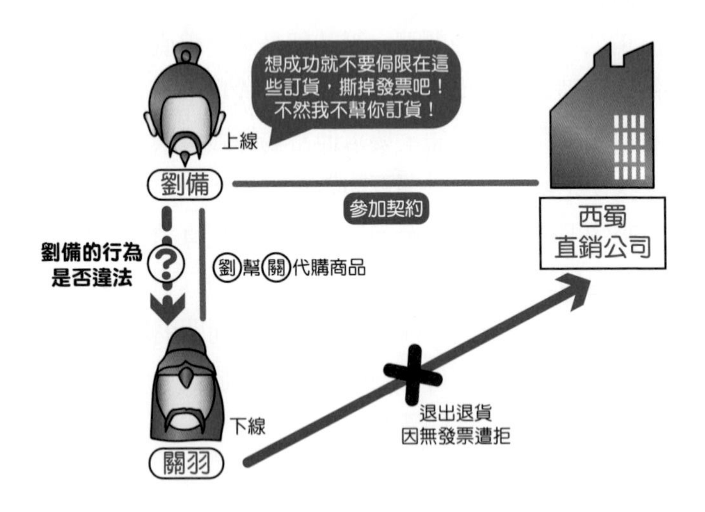

爲了避免這種情況發生，多層次傳銷管理法第23條第1項規定：「多層次傳銷事業及傳銷商不得以不當方式阻撓傳銷商依本法規定辦理退貨。」將「直銷公司」及「直銷商」都納爲規範主體，使直銷商不能逸脫法律規範外，所以如果上線直銷商以不當方式阻撓下線直銷商退貨，也會是違法的。至於，直銷商究竟要如何才算是構成「不當方式阻撓」的態樣？我們在Q70中已詳細說明了。

在本案例中，劉備因爲擔心關羽退出退貨，將導致自己的獎金被公司追回，而要求關羽撕毀自己幫他代購商品的發票，使關羽退貨有困難的情形，已構成不當方式阻撓退貨，屬於違法行爲。

法律小觀點

上線直銷商「要求下線直銷商將進貨單據撕毀」、「統一保管下線直銷商進貨」、「慫恿下線直銷商當場拆封或使用產品」或「謊稱直銷公司或法律有進貨後一段時間將不得退貨規定」等，致使下線直銷商無法辦理退出退貨，都是曾經出現過的不當方式阻撓退貨態樣(註)。

(註) 參閱公平會，認識多層次傳銷管理法，105年12月增訂第2版，頁31。

PART 8

直銷糾紛之救濟

Q 旁線直銷商搶我的下線，我可以請求多層次傳銷保護基金會調處嗎？

A 不可以。

範例故事

北魏直銷公司的高階直銷商領導人曹操過世，其傘下組織產生路線之爭，以曹丕為首的購買力派，認為應該主攻有堅強購買實力的頂級消費者；以曹植為首的循環派，則認為應該主攻會循環購買的消費者。司馬懿是曹操的忠實粉絲，原本追隨遵從曹操意旨的曹植團隊，但曹丕私底下對司馬懿展開積極勸說，承諾會傾全力在短期內協助其成為高階直銷商，司馬懿遂改為追隨曹丕。曹植對於曹丕的搶線行為十分憤怒，向多層次傳銷保護基金會請求調處自己和曹丕間的糾紛。試問：多層次傳銷保護基金會應否接受曹植的調處請求？

說明解析

直銷商與直銷商間難免會有糾紛，實務上案例如：上線直銷商冒用下線直銷商的名義訂貨、旁線直銷商搶線其他團隊的直銷商加入自己的團隊、甚至直銷商間有借貸糾紛等，這些糾紛於直銷產業裡十分常見，是否可以向多層次傳銷保護基金會申請調處呢？

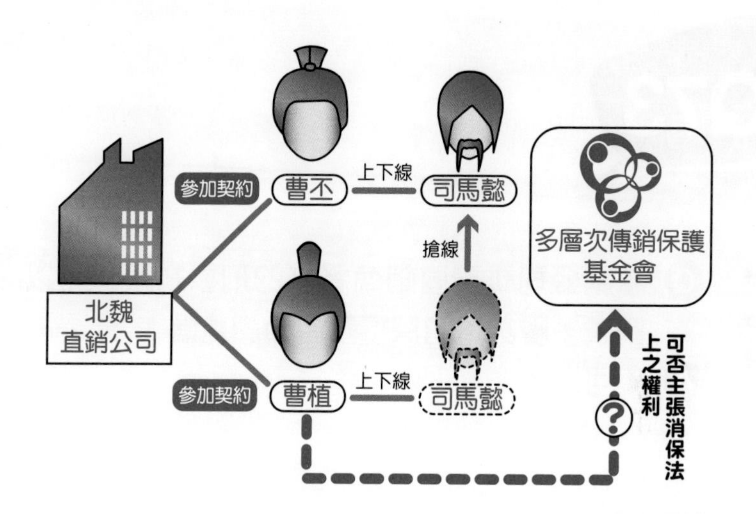

依據多層次傳銷保護機構設立的宗旨，旨在處理直銷公司與直銷商間的「民事糾紛」，例如：直銷公司未發放佣金獎金給直銷商、直銷公司對直銷商作成終止契約處分、直銷公司拒絕直銷商辦理退貨等糾紛，這些是多層次傳銷保護基金會可以協助處理的。至於不屬於直銷公司與直銷商間的糾紛，例如：直銷公司與直銷公司間的糾紛、直銷商與直銷商間的糾紛、直銷公司或直銷商與消費者間的糾紛等，這些並不是多層次傳銷保護基金會可以受理的範圍。還有一種是關於「未向主管機關報備的吸金直銷公司糾紛」這種糾紛因爲法律規範上調處對象限於「完成報備的直銷公司」，所以這類型的糾紛也無法向多層次傳銷保護基金會申請調處。

本案例屬於直銷商曹丕與直銷商曹植之間關於搶線的糾紛，不是直銷商與直銷公司的糾紛，所以不能向多層次傳銷保護基金會申請調處。

Q 直銷公司誹謗直銷商名譽的刑事糾紛，可以請求多層次傳銷保護基金會調處嗎？

A 不可以。

範例故事

黃蓋是東吳直銷公司的直銷商，被暗中指派前往競爭對手北魏直銷公司當臥底，不料東吳公司竟指責黃蓋帶著直銷商投靠北魏公司，違反公司競業禁止的規範，並且指名道姓的訴說黃蓋的不對，在直銷商大會上加以宣導。黃蓋認爲東吳公司不辨是非也就罷了，竟然還將不對的訊息大鳴大放，根本就是嚴重誹謗自己，因此提出刑事的誹謗罪告訴，並向多層次傳銷保護基金會請求調處。試問：多層次傳銷保護基金會應否接受黃蓋的調處請求？

說明解析

直銷公司與直銷商間可能因爲不同的原因引起糾紛，而糾紛性質從法律的角度出發，大致上可區分爲民事糾紛、刑事糾紛、及行政糾紛三種類型。

依據多層次傳銷管理法規定，多層次傳銷保護基金會是在處理直銷公司與直銷商間的「民事糾紛」，例如：直銷公司應發放佣金獎金、產品瑕疵應進行退換貨、或直銷公司終止契約導致直銷商無法領取獎金等財產上的糾紛。

刑事犯罪不屬於民事糾紛的範圍，例如：個人的犯罪行爲、直銷商僞造訂單（文書）的刑事犯罪、直銷商未經公司同意使用商標或著作的刑事犯罪、直銷公司誹謗直銷商名譽的刑事犯罪等。當然上述刑事犯罪，如果是關於僞造文書的訂單財產應該怎麼處理？直銷商違規使用商標或著作應該怎麼賠償？受損的名譽應該如何恢復等民事爭議，多層次傳銷保護基金會是能夠協助處理的，但如果是要追訴刑事犯罪的行為的話，那就要尋求法院管道了。

行政糾紛也不屬於民事糾紛的範圍，例如：直銷公司或直銷商不具備藥商資格卻販售醫療器材、直銷公司未完成報備等，這類糾紛並非多層次傳銷保護基金會的受理範圍，受害者應該向衛生機關或主管機關提出檢舉。

本案例中，黃蓋認爲東吳直銷公司嚴重誹謗自己，除非是黃蓋要求東吳公司應該賠償或恢復名譽的民事爭議，可以請求多層次傳銷保護基金會調處，否則如果是關於誹謗罪的刑事追訴行爲，無法請求多層次傳銷保護基金會調處。

Q 直銷商與直銷公司發生糾紛後才加入多層次傳銷保護基金會，能就加入前發生的糾紛請求調處嗎？

A 不可以。

範例故事

關羽是西蜀直銷公司的直銷商，向來對公司忠心耿耿，且遵守公司營業守則誠信販售，關羽雖然知道有多層次傳銷保護基金會這麼一個保護機構，但因爲自信不會出什麼紕漏，所以一直沒有加入多層次傳銷保護基金會。群雄割據的年代，西蜀公司原本能稱霸中原市場，不料關羽竟在最競爭激烈的華容道市區，禮讓北魏直銷公司的直銷商曹操，爲此西蜀公司懲處了關羽。關羽此時才連忙加入多層次傳銷保護基金會，請求調處。試問：多層次傳銷保護基金會應否接受關羽的調處請求？

說明解析

多層次傳銷保護基金會是由直銷公司及直銷商，繳交保護基金及年費所成立的保護機構，是「使用者付費」的體制，由法律強制直

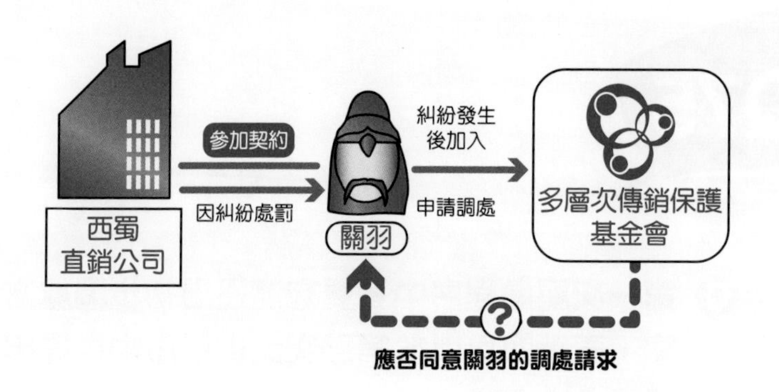

銷公司應繳納保護基金及年費，所以「直銷公司」在履行法定的繳費義務後，當然是多層次傳銷保護基金會的會員，能夠請求或接受調處，並無問題。

至於直銷商，法律並未強制直銷商一定要繳納保護基金及年費，依據多層次傳銷管理法相關規範的意旨，直銷商未依規定繳交保護基金及年費者，不得請求調處；直銷商嗣後補繳者，得向保護機構請求調處「自補繳日起」當年度發生之民事爭議。所以，直銷商得申請調處的糾紛，原則上以繳費日起算向後發生的糾紛爲限，如果直銷商在發生糾紛後，才繳費加入多層次傳銷保護基金會的話，則加入前所發生的糾紛，是無法請求調處的。

案例中，關羽與西蜀直銷公司產生糾紛後，才繳費加入多層次傳銷保護基金會，則關羽在加入前與西蜀公司發生的糾紛，是無法請求調處的。提醒直銷商，加入多層次傳銷保護基金會多一分保障！

Q75

Q 第一次調處程序中，雙方溝通出初步調處方案，直銷商可以於第二次調處程序中再提出新調處方案嗎？

A 原則上可以，但調解方案須雙方都接受才能成立。

範例故事

西蜀直銷公司的旗下大將關羽，在和東吳直銷公司的拚場中過世，故西蜀公司決心調動全國直銷高手來報仇，東吳公司則連忙尋求呂蒙出來領導大家，想不到呂蒙拒絕，氣的東吳公司找上多層次傳銷保護基金會請求調處。第一次調處程序中，呂蒙提出應該由他擔任大都督直銷商以備戰，東吳公司表示大致上沒問題，回公司上完簽呈後，希望下次就能簽訂調處書，雙方達成初步共識。不料，呂蒙回去後想想，要使大家遵守自己的軍令，確有困難，於是第二次的調處程序中，呂蒙提出新條件，要求公司配發尚方寶劍，讓他有對違抗命令的直銷商立即開除的權利。試問：第一次調處程序中，雙方已溝通出初步調處方案，呂蒙可以再於第二次調處程序中提出新方案嗎？

說明解析

直銷公司與直銷商的民事糾紛，可申請多層次傳銷保護基金會調處，雙方會在調處程序中協議出補償或賠償辦法，或訂下新的權利義務關係，調處一旦成立，作成調處結果，這時就成立了一個和解契約，雙方有遵循這個和解契約也就是有履行調處結果的義務。

調處實務上常見的情形是，直銷公司與直銷商在第一次的調處程序中交換了彼此的想法，達成初步調處方案後，直銷公司的代表將這個調處方案帶回公司、上簽呈，公司方面也同意了這樣的調處方案；但直銷商可能回家後想想，這個調處方案似乎不夠符合自己的意思，結果在第二次的調處程序中，原本雙方要簽調處書了，這時直銷商卻提出新的調處方案，雙方需要重新再討論，直銷公司也需要再帶回新的調處方案回公司討論，有待第三次的調處程序，這樣

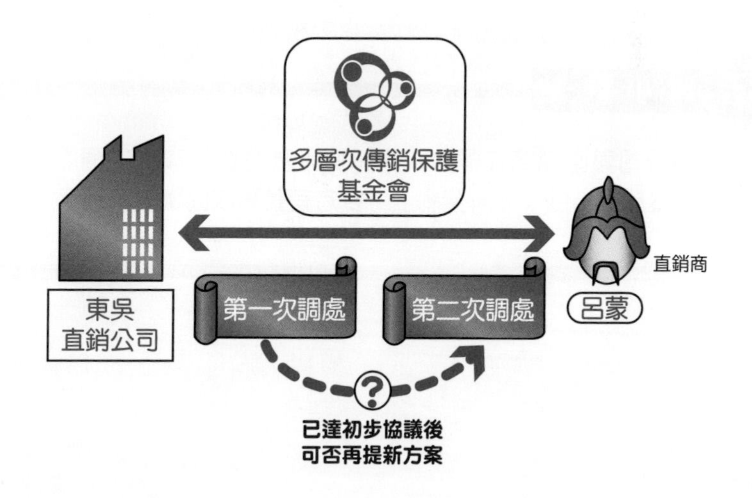

除了拖延雙方時間外，往往也因爲調處方案變更，而錯失調處成立的時機。

由於調處方案應該要是雙方都能接受的結果，而且事後雙方都要遵循調處方案履行，所以不管是直銷公司、直銷商都應該在程序中確保協議的調處方案是可接受的，下次程序中再提出新的調處方案雖然沒有不可以，但也同時給予對方反悔、或拒絕接受調處的機會，這時新調處方案的提出當然也要看對方願不願意接受。

案例中，呂蒙雖然在第一次的調處程序中，與東吳直銷公司達成初步共識，不過呂蒙在簽下調處書前，如果想一想還是無法接受這樣的調處協議，那麼呂蒙是可以再提出新調處方案的，不過仍須經東吳公司的同意。

法律小觀點

直銷公司與直銷商在多層次傳銷保護基金會所簽立的調處協議，屬於雙方的「和解契約」，雙方有義務依協議內容履行。

Q 作成調處書後，直銷公司可否以「退貨部分應扣除獎金而未扣除」為由，要求重新作成新的調處書？

A 不可以。

範例故事

關羽在北魏直銷公司期間，雙方申請多層次傳銷保護基金會作成調處協議：「只要關羽打聽到大哥劉備的消息，北魏直銷公司就同意關羽無條件離開」，且雙方都簽下調解書。北魏公司簽下調解書後發現，公司已送了許多美女、衣帛、赤兔馬給關羽，如果關羽一打聽到劉備的消息就可以離開，那過去的付出就白費了，所以向關羽提出新的條件：「關羽應該要返還赤兔馬才可以離開」，要求重新作成新的調解書，被關羽一口拒絕。試問：北魏直銷公司可否要求重新作成新的調處書？

說明解析

由於調處方案是一種當事人合意解決糾紛的機制，是一個和解的概念，也就是簽下調處書後，雙方即同意依照調處書中新的權利義務關係來履行，不再管雙方簽訂調解書前的恩恩怨怨，所以調處書一般都會有放棄其餘請求權利、放棄法律追訴權利等條款。

就有放棄其餘請求權的這種調解書而言，意爲著直銷公司、直銷商雙方簽下調處書後，即應遵守調處書的協議，不得再主張其餘請求，或進行法律追訴程序，除非有被詐欺、被脅迫等不法情形，否則任一方不可以說忘記計算、或依法應如何計算等理由，要求另一方重新簽訂新的調解書，例如：法律規定退出退貨時，直銷公司得就退貨之貨款扣除公司已發放之獎金，但如果雙方簽訂的調解書中規定：「直銷公司承諾以貨款百分之百金額返還直銷商，並放棄其餘請求」，則直銷公司已放棄扣除已發放獎金的權利，同意給予直銷商更好的退貨金額，此時，直銷公司即應該遵守調解書約定，不得再以忘記扣除、或依法可以扣除的理由，要求直銷商重新簽訂新的調解書。

調解書作成後，雙方即成立一個和解契約，而負有履行調解書的義務，除非有被詐欺、被脅迫等不法情形，否則無法要求對方重新簽訂調處書。如果直銷公司、直銷商任一方不履行調解書，對方是可以拿調解書向法院訴請履行調解書的。在此提醒大家，簽訂調解書的時候應該謹愼的研擬調解方案，否則作成調解書後，大家就應該要依約定履行。

案例中，北魏直銷公司已簽立調解書同意關羽無條件離開，嗣後再想追回赤兔馬，要求關羽作成新的調處書，關羽是可以拒絕的。

PART9
附錄

多層次傳銷管理法

最新修正日期：2014.1.29

第一章　總則

第 1 條　爲健全多層次傳銷之交易秩序，保護傳銷商權益，特制定本法。

第 2 條　本法所稱主管機關爲公平會。

第 3 條　本法所稱多層次傳銷，指透過傳銷商介紹他人參加，建立多層級組織以推廣、銷售商品或服務之行銷方式。

第 4 條　本法所稱多層次傳銷事業，指統籌規劃或實施前條傳銷行爲之公司、工商行號、團體或個人。

外國多層次傳銷事業之傳銷商或第三人，引進或實施該事業之多層次傳銷計畫或組織者，視爲前項之多層次傳銷事業。

第 5 條　本法所稱傳銷商，指參加多層次傳銷事業，推廣、銷售商品或服務，而獲得佣金、獎金或其他經濟利益，並得介紹他人參加及因被介紹之人爲推廣、銷售商品或服務，或介紹他人參加，而獲得佣金、獎金或其他經濟利益者。

與多層次傳銷事業約定，於一定條件成就後，始取得推廣、銷售商品或服務，及介紹他人參加之資格者，自約定時起，視爲前項之傳銷商。

第二章　多層次傳銷事業之報備

第 6 條　多層次傳銷事業於開始實施多層次傳銷行爲前，應檢具載明下列事項之文件、資料，向主管機關報備：

一、多層次傳銷事業基本資料及營業所。

二、傳銷制度及傳銷商參加條件。

三、擬與傳銷商簽定之參加契約內容。

四、商品或服務之品項、價格及來源。

五、其他法規定有商品或服務之行銷方式或須經目的事業主管機關許可始得推廣或銷售之規定者，其行銷方式合於該法規或取得目的事業主管機關許可之證明。

六、多層次傳銷事業依第二十一條第三項後段或第二十四條規定扣除買回商品或服務之減損價值者，其計算方法、基準及理由。

七、其他經主管機關指定之事項。

多層次傳銷事業未依前項規定檢具文件、資料，主管機關得令其限期補正；屆期不補正者，視爲自始未報備，主管機關得退回原件，令其備齊後重行報備。

第 7 條　多層次傳銷事業報備文件、資料所載內容有變更，除下列情形外，應事先報備：

一、前條第一項第一款事業基本資料，除事業名稱變更外，無須報備。

二、事業名稱應於變更生效後十五日內報備。

多層次傳銷事業未依前項規定變更報備，主管機關認有必要時，得令其限期補正；屆期不補正者，視爲自始未變更報備，主管機關得退回原件，令其備齊後重行報備。

第 8 條　前二條報備之方式及格式，由主管機關定之。

第 9 條　多層次傳銷事業停止實施多層次傳銷行爲者，應於停止前以書面向主管機關報備，並於其各營業所公告傳銷商得依參加契約向多層次傳銷事業主張退貨之權益。

第三章　多層次傳銷行為之實施

第 10 條　多層次傳銷事業於傳銷商參加其傳銷計畫或組織前，應告知下列事項，不得有隱瞞、虛僞不實或引人錯誤之表示：

一、多層次傳銷事業之資本額及營業額。

二、傳銷制度及傳銷商參加條件。

三、多層次傳銷相關法令。

四、傳銷商應負之義務與負擔、退出計畫或組織之條件及因退出而生之權利義務。

五、商品或服務有關事項。

六、多層次傳銷事業依第二十一條第三項後段或第二十四條規定扣除買回商品或服務之減損價值者，其計算方法、基準及理由。

七、其他經主管機關指定之事項。

傳銷商介紹他人參加時，不得就前項事項爲虛僞不實或引人錯誤之表示。

第 11 條　多層次傳銷事業或傳銷商以廣告或其他方法招募傳銷商時，應表明係從事多層次傳銷行爲，並不得以招募員工或假借其他名義之方式爲之。

第 12 條　多層次傳銷事業或傳銷商以成功案例之方式推廣、銷售商品或服務及介紹他人參加時，就該等案例進行期間、獲得利益及發展歷程等事實作示範者，不得有虛僞不實或引人錯誤之表示。

第 13 條　多層次傳銷事業於傳銷商參加其傳銷計畫或組織時，應與傳銷商締結書面參加契約，並交付契約正本。

前項之書面，不得以電子文件爲之。

第 14 條　前條參加契約之內容，應包括下列事項：

一、第十條第一項第二款至第七款所定事項。

二、傳銷商違約事由及處理方式。

三、第二十條至第二十二條所定權利義務事項或更有利於傳銷商之約定。

四、解除或終止契約係因傳銷商違反營運規章或計畫、有第十五條第一項特定違約事由或其他可歸責於傳銷商之事由者，傳銷商提出退貨之處理方式。

五、契約如訂有參加期限者，其續約之條件及處理方式。

第 15 條　多層次傳銷事業應將下列事項列為傳銷商違約事由，並訂定能有效制止之處理方式：

一、以欺罔或引人錯誤之方式推廣、銷售商品或服務及介紹他人參加傳銷組織。

二、假借多層次傳銷事業之名義向他人募集資金。

三、以違背公共秩序或善良風俗之方式從事傳銷活動。

四、以不當之直接訪問買賣影響消費者權益。

五、違反本法、刑法或其他法規之傳銷活動。

多層次傳銷事業應確實執行前項所定之處理方式。

第 16 條　多層次傳銷事業不得招募無行為能力人為傳銷商。

多層次傳銷事業招募限制行為能力人為傳銷商者，應事先取得該限制行為能力人之法定代理人書面允許，並附於參加契約。

前項之書面，不得以電子文件為之。

第 17 條　多層次傳銷事業應於每年五月底前將上年度傳銷營運業務之資產負債表、損益表，備置於其主要營業所。

多層次傳銷事業資本額達公司法第二十條第二項所定數額或其上年度傳銷營運業務之營業額達主管機關所定數額以上者，前項財務報表應經會計師查核簽證。

傳銷商得向所屬之多層次傳銷事業查閱第一項財務報表。多層次傳銷事業非有正當理由，不得拒絕。

第 18 條　多層次傳銷事業，應使其傳銷商之收入來源以合理市價推廣、銷售商品或服務為主，不得以介紹他人參加為主要收入來源。

第 19 條　多層次傳銷事業不得為下列行為：

一、以訓練、講習、聯誼、開會、晉階或其他名義，要求傳銷商繳納與成本顯不相當之費用。

二、要求傳銷商繳納顯屬不當之保證金、違約金或其他費用。

三、促使傳銷商購買顯非一般人能於短期內售罄之商品數量。但約定於商品轉售後支付貨款者，不在此限。

四、以違背其傳銷計畫或組織之方式，對特定人給予優惠待遇，致減損其他傳銷商之利益。

五、不當促使傳銷商購買或使其擁有二個以上推廣多層級組織之權利。

六、其他要求傳銷商負擔顯失公平之義務。

傳銷商於其介紹參加之人，亦不得為前項第一款至第三款、第五款及第六款之行為。

第四章　解除契約及終止契約

第 20 條　傳銷商得自訂約日起算三十日內，以書面通知多層次傳銷事業解除或終止契約。

多層次傳銷事業應於契約解除或終止生效後三十日內，接受傳銷商退貨之申請、受領傳銷商送回之商品，並返還傳銷商購買退貨商品所付價金及其他給付多層次傳銷事業之款項。

多層次傳銷事業依前項規定返還傳銷商之款項，得扣除商品返還時因可歸責於傳銷商之事由致商品毀損滅失之價值，及因該進貨對該傳銷商給付之獎金或報酬。

由多層次傳銷事業取回退貨者，並得扣除取回該商品所需運費。

第 21 條　傳銷商於前條第一項期間經過後，仍得隨時以書面終止契約，退出多層次傳銷計畫或組織，並要求退貨。但其所持有商品自可提領之日起算已逾六個月者，不得要求退貨。

多層次傳銷事業應於契約終止生效後三十日內，接受傳銷商退貨之申請，並以傳銷商原購價格百分之九十買回傳銷商所持有之商品。

多層次傳銷事業依前項規定買回傳銷商所持有之商品時，得扣除因該項交易對該傳銷商給付之獎金或報酬。其取回商品之價值有減損者，亦得扣除減損之金額。

由多層次傳銷事業取回退貨者，並得扣除取回該商品所需運費。

第 22 條　傳銷商依前二條規定行使解除權或終止權時，多層次傳銷事業不得向傳銷商請求因該契約解除或終止所受之損害賠償或違約金。

傳銷商品係由第三人提供者，傳銷商依前二條規定行使解除權或終止權時，多層次傳銷事業應依前二條規定辦理退貨及買回，並負擔傳銷商因該交易契約解除或終止所生之損害賠償或違約金。

第 23 條　多層次傳銷事業及傳銷商不得以不當方式阻撓傳銷商依本法規定辦理退貨。

多層次傳銷事業不得於傳銷商解除或終止契約時，不當扣發其應得之佣金、獎金或其他經濟利益。

第 24 條　本章關於商品之規定，除第二十一條第一項但書外，於服務之情形準用之。

第五章　業務檢查及裁處程序

第 25 條　多層次傳銷事業應按月記載其在中華民國境內之組織發展、商品或服務銷售、獎金發放及退貨處理等狀況，並將該資料備置於主要營業所供主管機關查核。

前項資料，保存期限爲五年；停止多層次傳銷業務者，其資料之保存亦同。

第 26 條　主管機關得隨時派員檢查或限期令多層次傳銷事業依主管機關所定之方式及內容，提供及填報營運發展狀況資料，多層次傳銷事業不得規避、妨礙或拒絕。

第 27 條　主管機關對於涉有違反本法規定者，得依檢舉或職權調查處理。

第 28 條　主管機關依本法調查，得依下列程序進行：

一、通知當事人及關係人到場陳述意見。

二、通知當事人及關係人提出帳冊、文件及其他必要之資料或證物。

三、派員前往當事人及關係人之事務所、營業所或其他場所爲必要之調查。

依前項調查所得可爲證據之物，主管機關得扣留之；其扣留範圍及期間，以供調查、檢驗、鑑定或其他爲保全證據之目的所必要者爲限。

受調查者對於主管機關依第一項規定所爲之調查，無正當理由不得規避、妨礙或拒絕。

執行調查之人員依法執行公務時，應出示有關執行職務之證明文件；其未出示者，受調查者得拒絕之。

第六章 罰則

第 29 條 違反第十八條規定者，處行爲人七年以下有期徒刑，得併科新臺幣一億元以下罰金。

法人之代表人、代理人、受僱人或其他從業人員，因執行業務違反第十八條規定者，除依前項規定處罰其行爲人外，對該法人亦科處前項之罰金。

第 30 條 前條之處罰，其他法律有較重之規定者，從其規定。

第 31 條 主管機關對於違反第十八條規定之多層次傳銷事業，得命令解散、勒令歇業或停止營業六個月以下。

第 32 條 主管機關對於違反第六條第一項、第二十條第二項、第二十一條第二項、第二十二條或第二十三條規定者，得限期令停止、改正其行爲或採取必要更正措施，並得處新臺幣十萬元以上五百萬元以下罰鍰；屆期仍不停止、改正其行爲或未採取必要更正措施者，得繼續限期令停止、改正其行爲或採取必要更正措施，並按次處新臺幣二十萬元以上一千萬元以下罰鍰，至停止、改正其行爲或採取必要更正措施爲止；其情節重大者，並得命令解散、勒令歇業或停止營業六個月以下。

前項規定，於違反依第二十四條準用第二十條第二項、第二十一條第二項、第二十二條或第二十三條規定者，亦適用之。

主管機關對於保護機構違反第三十八條第五項業務處理方式或監督管理事項者，依第一項規定處分。

第 33 條 主管機關對於違反第十六條規定者，得限期令停止、改正其行爲或採取必要更正措施，並得處新臺幣十萬元以上二百萬元以下罰鍰；

屆期仍不停止、改正其行為或未採取必要更正措施者，得繼續限期令停止、改正其行為或採取必要更正措施，並按次處新臺幣二十萬元以上四百萬元以下罰鍰，至停止、改正其行為或採取必要更正措施為止。

第 34 條　主管機關對於違反第七條第一項、第九條至第十二條、第十三條第一項、第十四條、第十五條、第十七條、第十九條、第二十五條第一項或第二十六條規定者，得限期令停止、改正其行為或採取必要更正措施，並得處新臺幣五萬元以上一百萬元以下罰鍰；屆期仍不停止、改正其行為或未採取必要更正措施者，得繼續限期令停止、改正其行為或採取必要更正措施，並按次處新臺幣十萬元以上二百萬元以下罰鍰，至停止、改正其行為或採取必要更正措施為止。

第 35 條　主管機關依第二十八條規定進行調查時，受調查者違反第二十八條第三項規定，主管機關得處新臺幣五萬元以上五十萬元以下罰鍰；受調查者再經通知，無正當理由規避、妨礙或拒絕，主管機關得繼續通知調查，並按次處新臺幣十萬元以上一百萬元以下罰鍰，至接受調查、到場陳述意見或提出有關帳冊、文件等資料或證物為止。

第七章　附則

第 36 條　非屬公平交易法第八條所定多層次傳銷事業，於本法施行前已從事多層次傳銷業務者，應於本法施行後三個月內依第六條規定向主管機關報備；屆期未報備者，以違反第六條第一項規定論處。

前項多層次傳銷事業應於本法施行後六個月內依第十三條第一項規定與本法施行前參加之傳銷商締結書面契約；屆期未完成者，以違反第十三條第一項規定論處。

本法施行前參加第一項多層次傳銷事業之傳銷商，得自本法施行之日起算至締結前項契約後三十日內，依第二十條、第二十二條、第二十四條之規定解除或終止契約，該期間經過後，亦得依第二十一條、第二十二條、第二十四條之規定終止契約。

前項傳銷商於本法施行後終止契約者，關於第二十一條第一項但書所定期間，自本法施行之日起算。

第37條　本法施行前已向主管機關報備之多層次傳銷事業之報備文件、資料所載內容應配合第六條第一項規定修正，並於本法施行後二個月內向主管機關補正其應報備之文件、資料；屆期未補正者，以違反第七條第一項規定論處。

本法施行前已向主管機關報備之多層次傳銷事業，應於本法施行後三個月內配合修正與原傳銷商締結之書面參加契約，以書面通知修改或增刪之處，並於其各營業所公告；屆期未以書面通知者，以違反第十三條第一項規定論處。

前項通知，傳銷商於一定期間未表示異議，視爲同意。

第38條　主管機關應指定經報備之多層次傳銷事業，捐助一定財產，設立保護機構，辦理完成報備之多層次傳銷事業與傳銷商權益保障及爭議處理業務。其捐助數額得抵充第二項保護基金及年費。

保護機構爲辦理前項業務，得向完成報備之多層次傳銷事業與傳銷商收取保護基金及年費，其收取方式及金額由主管機關定之。

完成報備之多層次傳銷事業未依前二項規定據實繳納者，以違反第三十二條第一項規定論處。

依主管機關規定繳納保護基金及年費者，始得請求保護機構保護。

保護機構之組織、任務、經費運用、業務處理方式及對其監督管理事項，由主管機關定之。

第39條　自本法施行之日起，公平交易法有關多層次傳銷之規定，不再適用之。

第40條　本法施行細則，由主管機關定之。

第41條　本法自公布日施行。

多層次傳銷管理法施行細則

最新修正日期：2015.10.7

第 1 條　本細則依多層次傳銷管理法（以下簡稱本法）第四十條規定訂定之。

第 2 條　本法第六條第一項第一款所稱多層次傳銷事業基本資料，指事業之名稱、資本額、代表人或負責人、所在地、設立登記日期、公司或商業登記證明文件。

本法第六條第一項第一款所稱營業所，指主要營業所及其他營業所所在地。

第 3 條　本法第六條第一項第二款所稱傳銷制度，指多層次傳銷組織各層級之名稱、取得資格與晉升條件、佣金、獎金及其他經濟利益之內容、發放條件、計算方法及其合計數占營業總收入之最高比例。

第 4 條　本法第十條第一項第一款所稱多層次傳銷事業之營業額，指前一年度營業總額，但營業未滿一年者，以其已營業月份之累積營業額代之。

本法第十條第一項第二款所稱傳銷制度，指多層次傳銷組織各層級之名稱、取得資格與晉升條件、佣金、獎金及其他經濟利益之內容、發放條件及計算方法。

第 5 條　本法第十條第一項第五款所稱商品或服務有關事項，指商品或服務之品項、價格、瑕疵擔保責任之內容及其他有關事項。

第 6 條　本法第十八條所稱合理市價之判斷原則如下：

一、市場有同類競爭商品或服務者，得以國內外市場相同或同類商品或服務之售價、品質爲最主要之參考依據，輔以比較多層次傳銷事業與非多層次傳銷事業行銷相同或同類商品或服務之獲利率，以及考量特別技術及服務水準等因素，綜合判斷之。

二、市場無同類競爭商品或服務者，依個案認定之。

本法第十八條所稱主要之認定，以百分之五十作爲判定標準之參考，再依個案是否屬蓄意違法、受害層面及程度等實際狀況合理認定。

第 7 條　本法第二十條第三項及第二十一條第三項所稱傳銷商，指解除契約或終止契約之當事人，不及於其他傳銷商。

第 8 條　本法第二十一條第一項但書所稱可提領之日，指多層次傳銷事業就推廣、銷售之商品備有足夠之存貨，並以書面或其他方式證明商品達於可隨時提領之狀態。

第 9 條　本法第二十五條第一項所定組織發展、商品或服務銷售、獎金發放及退貨處理等狀況，包括下列事項：

一、事業整體及各層次之組織系統。

二、傳銷商總人數、各月加入及退出之人數。

三、傳銷商之姓名或名稱、國民身分證或事業統一編號、地址、聯絡電話及主要分布地區。

四、與傳銷商訂定之書面參加契約。

五、銷售商品或服務之種類、數量、金額及其有關事項。

六、佣金、獎金或其他經濟利益之給付情形。

七、處理傳銷商退貨之辦理情形及所支付之價款總額。

前項資料得以書面或電子儲存媒體資料保存之。

第 10 條　多層次傳銷事業於傳銷商加入其傳銷組織或計畫後，應對其施以多層次傳銷相關法令及事業違法時之申訴途徑等教育訓練。

第 11 條　多層次傳銷事業報備名單及其重要動態資訊，由主管機關公布於全球資訊網。

前項所稱多層次傳銷事業報備名單及其重要動態資訊，包括已完成報備名單、尚待補正名單、搬遷不明或無營業跡象名單及已起訴或判決名單等。

第 12 條　多層次傳銷事業辦理解散、歇業或停業者，主管機關得將該事業名稱自前條報備名單刪除。

第 13 條　主管機關對於無具體內容、未具眞實姓名或住址之檢舉案件，得不予處理。

第 14 條　主管機關依本法第二十八條第一項第一款規定爲通知時，應以書面載明下列事項：

一、受通知者之姓名、住居所。其爲公司、行號或團體者，其負責人之姓名及事務所、營業所。

二、擬調查之事項及受通知者對該事項應提供之說明或資料。

三、應到之日、時、處所。

四、無正當理由不到場之處罰規定。

通知書至遲應於到場日四十八小時前送達。但有急迫情形者，不在此限。

第 15 條　前條之受通知者得委任代理人到場陳述意見。但主管機關認爲必要時，得通知應由本人到場。

第 16 條　第十四條之受通知者到場陳述意見後，主管機關應作成陳述紀錄，由陳述者簽名。其不能簽名者，得以蓋章或按指印代之；其拒不簽名、蓋章或按指印者，應載明其事實。

第 17 條　主管機關依本法第二十八條第一項第二款規定爲通知時，應以書面載明下列事項：

一、受通知者之姓名、住居所。其爲公司、行號或團體者，其負責人之姓名及事務所、營業所。

二、擬調查之事項。

三、受通知者應提供之說明、帳冊、文件及其他必要之資料或證物。

四、應提出之期限。

五、無正當理由拒不提出之處罰規定。

第 18 條　主管機關收受當事人或關係人提出帳冊、文件及其他必要之資料或證物後，應依提出者之請求掣給收據。

第 19 條　依本法量處罰鍰時，應審酌一切情狀，並注意下列事項：

一、違法行爲之動機、目的及預期之不當利益。

二、違法行爲對交易秩序之危害程度。

三、違法行爲危害交易秩序之持續期間。

四、因違法行爲所得利益。

五、違法者之規模及經營情況。

六、以往違法類型、次數、間隔時間及所受處罰。

七、違法後悛悔實據及配合調查等態度。

第 20 條　本細則自發布日施行。

直銷活動照片

林天財律師、曾浩維律師 2016 年 8 月 18 日於天津大學舉辦之「2016 國際直銷學術論壇暨海峽兩岸直銷學術研討會」發表論文

⬅林天財律師 2016 年 11 月 24 日在開南大學舉辦之「第 21 屆海峽兩岸直銷學術研討會」作專題演說

➡林宜男董事長於 2016 年 8 月 2 日，歡迎澳洲 ACCC（Australia Competition Consumer Commission）新南威爾斯洲執法行動組副組長 David Howarth 先生與公平會拜會財團法人多層次傳銷保護基金會

林天財律師、曾浩維律師 2015 年 8 月 10 日出版臺灣法律界第一本直銷法律專書──「直銷法律學」之新書發表會

「中華直銷法律學會」於 2016 年 8 月 27 日正式成立，林天財律師任第 1 屆理事長，林宜男董事長代表多層次傳銷保護基金會到場祝賀

C8 企管進修 http://ctee.com.tw

中華直銷法律學會 成立

林天財律師當選首屆理事長，期能為直銷產業再創新局

C8 企業商機 經濟日報

中華直銷法律學會成立

結合直銷產業及法學領域學術性社團 林天財律師當選首屆理事長

林天財律師 2017 年 1 月 14 日主持中華直銷法律學會研討會，曾浩維律師受邀主講「直銷產業對於網際網路發展所面臨之法律課題」

林天財律師 2017 年 5 月 5 日主持中華直銷法律學會研討會，林宜男董事長、曾浩維律師、吳紀賢律師、陳其受邀與會討論

曾浩維律師、吳紀賢律師 2017 年 3 月 31 日於多層次傳銷保護基金會「直銷專業知能增進課程」，主講個人資料保護法、消費者保護法

林宜男董事長 2016 年 9 月 2 日於第一屆金傳獎頒獎典禮致詞

林宜男董事長於 2016 年 4 月 21 日財團法人多層次傳銷保護基金會首場「專業知能增進課程」進行致詞與結語

劉宣妏 2016 年 8 月 26 日於彰化擔任公平會「多層次傳銷相關法令說明會」講師

林天財律師 2017 年 1 月 21 日、3 月 4 日於財團法人多層次傳銷保護基金會、台南律師公會與財團法人法律扶助基金會台南分會合辦之「多層次傳銷法律教育訓練」，向律師主講傳／直銷法律實務

林宜男董事長 2017 年 1 月 21 日於財團法人多層次傳銷保護基金會、台南律師公會與財團法人法律扶助基金會台南分會合辦之「多層次傳銷法律教育訓練」，向律師介紹多層次傳銷保護基金會、傳銷產業特性

林天財律師、林宜男董事長、曾浩維律師 2016 年 3 月 21 日於財團法人多層次傳銷保護基金會主辦的『主管機關應如何合理處理「傳銷商網路銷售」所引發之問題』座談會致詞及與談

林天財律師、曾浩維律師 2015 年 8 月 10 日受邀於「傳直銷民事爭議之調處解決機制研討會」作專題演說

林宜男董事長 2015 年 8 月 10 日於「傳直銷民事爭議之調處解決機制研討會」致詞、介紹財團法人多層次傳銷保護基金會

國家圖書館出版品預行編目資料

Q&A直銷法律實務問題／林天財等著.--
初版--.--臺北市：書泉，2017.07
面；　公分
ISBN 978-986-451-095-5（平裝）
1.直銷　2.個案研究
496.5　　　　106007762

3SF2 法律相談室Q&A 02

Q&A直銷法律實務問題

主　　編—林天財（125.4）、林宜男
作　　者—林天財、林宜男、曾浩維、吳紀賢、
　　　　　陳其、劉宣妏
發 行 人—楊榮川
總 經 理—楊士清
執行主編—張若婕
插畫設計—麋克司
封面設計—P.Design視覺企劃
出 版 者—書泉出版社
地　　址：106台北市大安區和平東路二段339號4樓
電　　話：(02)2705-5066　　傳　　真：(02)2706-6100
網　　址：http://www.wunan.com.tw
電子郵件：shuchuan@shuchuan.com.tw
劃撥帳號：01303853
戶　　名：書泉出版社

總 經 銷：朝日文化事業有限公司
電　　話：(02)2249-7714
地　　址：新北市中和區橋安街15巷1號7樓

法律顧問　林勝安律師事務所　林勝安律師

出版日期　2017年7月初版一刷
定　　價　新臺幣380元